L'espace et le temps selon Einstein

Charles Nordmann

Édition: BoD · Books on Demand GmbH, In de Tarpen 42,
22848 Norderstedt (Allemagne)
Impression: Libri Plureos GmbH, Friedensallee 273,
22763 Hamburg (Allemagne)
ISBN: 978-2-3225-3266-7
Dépôt légal : Septembre 2024

Sur l'espace et le temps selon Einstein

Ce serait folie de prétendre pénétrer dans les moindres recoins des nouvelles théories d'Einstein, sans le secours de la tarière mathématique. Je crois pourtant qu'on peut tâcher de donner au moyen du langage ordinaire, c'est-à-dire par des images et des raisonnements verbaux, une idée assez approchée de ces choses dont la complexité se modèle d'habitude sur le jeu infiniment subtil et souple des formules et des équations mathématiques. Après tout, la mathématique n'est pas, n'a jamais été et ne sera jamais autre chose qu'un langage particulier, une sorte de sténographie de la pensée et du raisonnement, qui a pour but et pour résultat de franchir les méandres compliqués des raisonnements superposés, avec une rapide hardiesse que ne connaissent pas la lourdeur et la lenteur mérovingiennes des syllogismes exprimés par des mots.

Si paradoxal que cela puisse paraître à ceux qui considèrent les mathématiques comme étant *par elles-mêmes* une source de découverte, on ne sortira jamais d'un développement mathématique autre chose que ce qui était implicitement inhérent aux données jetées dans la double mâchoire des équations. Pour employer une image triviale qu'on me pardonnera, j'espère, les raisonnements mathématiques sont tout à fait analogues à ces machines qu'on voit à Chicago — à ce que disent les hardis explorateurs de l'Amérique, — à l'entrée desquelles on met des bestiaux vivants et qui restituent à la sortie d'odorantes charcuteries. Nul parmi les spectateurs n'eût pu ou du moins n'eût voulu tenter d'absorber l'animal vivant, tandis que, sous la forme où il se présente à la sortie, il est immédiatement assimilable et digéré, bien que ceci ne soit que cela convenablement trituré. Ce n'est pas autre chose que font les mathématiques. Elles extraient des *données* toute leur substantifique moelle par le moyen d'une machinerie merveilleuse et qui est efficace, là où les rouages du raisonnement verbal, là où l'imbrication des syllogismes seraient bientôt arrêtés et coincés. Faut-il en conclure que les mathématiques ne sont pas, à proprement parler, des sciences, ou faut-il du moins en conclure qu'elles ne sont sciences qu'autant qu'elles se modèlent sur la réalité et se nourrissent de données expérimentales, puisque « l'expérience est la source unique de la vérité, » et puisque la science est la recherche de la vérité ? Je me garderai bien de répondre à cela, étant de ceux qui pensent que tout est matière de science. Cette question n'en méritait pas moins d'être posée, étant donné qu'on a peut-être un peu trop tendance chez nous à considérer une éducation purement mathématique comme constituant une éducation scientifique. Rien n'est plus faux. La mathématique pure n'est par elle-même qu'une forme abréviative donnée au langage et à la pensée logique. Elle ne peut rien nous apprendre intrinsèquement sur le monde extérieur ; elle ne peut nous renseigner sur lui qu'autant qu'elle s'y lie docilement. C'est de la mathématique surtout qu'on pourrait dire : *naturæ non imperatar nisi parendo*.

Les théories d'Einstein ne sont-elles, comme certaines personnes mal informées l'ont prétendu, qu'un jeu de formules transcendantes (et j'entends ce mot à la fois au sens des mathématiciens et dans celui des philosophes) ? Si elles n'étaient qu'un vertigineux édifice mathématique où les x enroulent leurs volutes en arabesques étourdissantes, où les intégrales au col de cygne dessinent des motifs Louis XV, elles ne seraient pas, elles ne seraient guère intéressantes pour le physicien, pour celui qui regarde et examine la nature des choses avant d'en disserter. Elles ne seraient, comme toutes les métaphysiques cohérentes, qu'un système plus ou moins plaisant, mais dont on ne peut démontrer l'exactitude ou la fausseté.

La théorie d'Einstein est bien autre chose, bien plus que cela. C'est sur les faits qu'elle se fonde. C'est aussi à des faits, à des faits nouveaux Qu'elle aboutit. Jamais une doctrine philosophique, jamais non plus une construction mathématique purement formelle n'a fait découvrir des phénomènes nouveaux. C'est parce qu'elle en a fait découvrir que la théorie d'Einstein n'est ni l'une ni l'autre. C'est cela qui différencie la théorie scientifique de la spéculation pure et qui fait, j'ose le dire, la supériorité de celle-là. Ainsi qu'un audacieux pont suspendu jeté à travers l'abime, la synthèse d'Einstein s'appuie, d'un côté, sur des phénomènes expérimentaux pour aboutir, par son côté opposé, à d'autres phénomènes jusque-là insoupçonnés, et que grâce à elle on découvre. Entre ces deux solides piliers phénoménaux, le raisonnement mathématique est l'enchevêtrement merveilleux des milliers de croisillons d'acier qui dessinent l'architecture élégante et translucide du pont. Il est cela, il n'est que cela. Mais l'agencement des poutrelles et des croisillons pourrait être différent et le pont réunir quand même, — avec moins de gracieuse légèreté peut-être, — les faits où il s'arcboute des deux parts.

En un mot, le raisonnement mathématique n'est qu'un raisonnement déduit dans un langage particulier entre des prémisses expérimentales et des conclusions justiciables dd l'expérience et vérifiables par elle. Or il n'est point de langage qui, — tant bien que mal, — ne puisse être traduit dans un autre langage. Les hiéroglyphes eux-mêmes ont dû céder devant Champollion. C'est pourquoi finalement je suis persuadé que les difficultés mathématiques des théories d'Einstein seront un jour remplacées par un jeu de formules plus simples et plus accessibles. C'est pourquoi je crois aussi qu'il doit être dès maintenant possible de donner, au moyen du langage ordinaire, une idée, peut-être un peu superficielle, mais pourtant exacte et, dans les grandes lignes, complète, de ce merveilleux monument : einsteinien où toutes les conquêtes de la science viennent aujourd'hui se classer, ainsi qu'en un admirable musée, dans un ordre nouveau et d'une splendide unité. Essayons.

*

On peut récapituler très brièvement de la manière suivante ce qui a été l'origine, la tranchée de départ du système d'Einstein : 1° l'observation des astres prouve que l'espace interplanétaire n'est pas vide, mais est occupé par un milieu particulier, l'éther, dans lequel se propagent les ondes lumineuses ; 2° l'existence de l'aberration et d'autres phénomènes semble prouver que l'éther n'est pas entraîné par la terre dans son mouvement circomsolaire ; 3° l'expérience de Michelson semble prouver au contraire que l'éther est entraîné par la terre dans ce mouvement.

Cette contradiction entre des faits également bien établis a fait pendant des années le désespoir et l'étonnement des physiciens. Elle fut le nœud gordien de la science. On chercha longtemps et en vain à le dénouer, jusqu'à ce qu'Einstein, d'un seul coup de son esprit merveilleusement aiguisé, le tranche net.

Pour comprendre comment cela se fit, — et là est le point vital de tout le système, — il nous faut revenir un peu sur les conditions exactes de la fameuse expérience de Michelson.

J'ai indiqué que Michelson s'est proposé d'étudier la vitesse de propagation d'un rayon lumineux que l'on produit au laboratoire et qui est dirigé de l'Est à l'Ouest ou de l'Ouest à l'Est, c'est-à-dire suivant la direction même où la terre se meut, à la vitesse de 30 kilomètres environ par seconde, dans son mouvement autour du soleil. Soit donnée la vitesse de la lumière dans l'éther qui est à peu de chose près de 300 000 kilomètres par seconde. Si le rayon lumineux étudié se propage dans le même sens que la terre, l'observateur qui le reçoit à l'autre extrémité du laboratoire et qui fuit devant lui à la vitesse de 30 kilomètres par seconde (puisque la lumière progresse dans l'éther immobile) devra constater que ce rayon lumineux lui parvient avec une vitesse égale à 300 000 — 30 kilomètres. Si au contraire ce rayon était dirigé en sens inverse, l'observateur placé à l'opposé de sa position précédente, et allant à la rencontre du rayon avec une vitesse de 30 kilomètres à la seconde, devrait trouver qu'il lui arrive avec une vitesse, par rapport à lui, de 300 000 + 30 kilomètres. Or on ne trouve aucune différence quand on fait l'expérience. Pour éviter une confusion qui se produit quelquefois, il convient de rappeler que la translation de la terre autour du soleil l'entraîne à une vitesse de 30 kilomètres par seconde, tandis que la rotation de la terre sur elle-même ne déplace sa surface qu'avec une vitesse négligeable par rapport à celle-là et qui est toujours inférieure à un demi-kilomètre par seconde. Mais en réalité l'expérience de Michelson est un peu plus compliquée que je ne viens de l'expliquer schématiquement et il importe d'y revenir. En fait, elle revient à disposer dans le laboratoire quatre miroirs équidistants et se faisant face deux à deux. Deux des miroirs opposés sont placés suivant la direction Est-Ouest, direction du mouvement de translation de la terre autour du soleil ; les deux autres sont placés suivant la direction perpendiculaire à la précédente, la direction Nord-Sud. On produit deux rayons lumineux se propageant respectivement suivant les directions des deux couples de miroirs. Les rayons provenant du miroir Est vont au miroir Ouest, sont réfléchis par lui et reviennent au miroir Est. Ce rayon est amené à coïncider avec le rayon qui a fait le trajet aller et retour entre les miroirs Nord-Sud ; il interfère avec lui en produisant des franges d'interférences, qui, ainsi que je l'ai expliqué, permettent de connaître exactement la différence des trajets parcourus par les deux rayons entre les miroirs. S'il se produisait, une variation de la différence entre ces deux distances, on verrait immédiatement se déplacer un certain nombre des franges, d'interférences, ce qui fournirait la grandeur de cette variation.

Et maintenant une analogie va nous faire comprendre ce qui se passe : supposons qu'un vent violent et régulier Est-Ouest souffle au-dessus de Paris et qu'un avion se propose de faire le trajet d'Auteuil à Charenton et retour sans escale, c'est-à-dire contre le vent à l'aller et avec le vent en poupe au retour. 12 kilomètres séparent Auteuil de Charenton. Supposons qu'en même temps un autre avion identique au premier se propose de franchir, en partant également d'Auteuil, un trajet aller et retour entre Auteuil et un point situé à 12 kilomètres au Nord. De la sorte, ce deuxième avion aura, à l'aller comme au retour, un trajet perpendiculaire à la direction du vent. Ces deux avions étant supposés partir en même temps et faire demi-tour instantanément, seront-ils de retour en même temps à Auteuil, et sinon, quel est celui qui aura fini son double parcours le premier ?

S'il n'y avait pas de vent, il est clair que les deux avions seraient de retour en même temps puisqu'ils parcourent tous deux 24 kilomètres à la même vitesse, que je suppose, pour fixer les idées, de 200 mètres à la seconde.

Mais il n'en sera plus de même s'il y a du vent soufflant dans la direction Est-Ouest, ainsi que je l'ai supposé. Il est facile de voir, dans ces conditions, que l'avion qui va d'Auteuil à Charenton et retour aura fini son parcours plus tard que l'autre avion. En effet, admettons, pour fixer les idées, que le vent ait la même vitesse que l'avion (200 mètres par seconde). L'avion, qui va perpendiculairement au vent, sera déporté vers l'Ouest de 12 kilomètres, pendant qu'il franchit lui-même 42 kilomètres. Il aura donc franchi *dans le vent* une distance réelle égale à la diagonale d'un carré de 12 kilomètres de côté. Au lieu de franchir 24 kilomètres, il en aura franchi réellement 34 dans le vent, qui est le milieu par rapport auquel il possède sa vitesse.

En revanche, l'avion qui part d'Auteuil vers l'Est n'arrivera jamais à Charenton, puisqu'il est déporté vers l'Ouest, chaque seconde, d'une quantité égale à celle dont il progresse vers l'Est ; il restera sur place ; il lui faudrait donc franchir *dans le vent* une distance *infinie* pour effectuer son voyage.

Si, au lieu de supposer au vent une vitesse égale à celle de l'avion (ce qui est un cas limite choisi pour la clarté de ma démonstration), je lui avais attribué une vitesse plus faible, on trouverait pareillement, et par un calcul très simple, que pour effectuer son trajet aller et retour, l'avion Nord-Sud parcourt dans le vent un espace moins grand que l'avion Est-Ouest.

Remplaçons nos avions par des rayons lumineux, le vent par l'éther, et nous aurons presque exactement les conditions de l'expérience de Michelson. Un courant d'éther, un vent d'éther (puisque celui-ci a été antérieurement reconnu immobile par rapport à la translation terrestre), va de l'un à l'autre de nos deux miroirs Est-Ouest. Donc le rayon lumineux qui fait le trajet aller et retour entre ces deux miroirs doit parcourir dans l'éther un trajet plus long que le rayon qui fait le trajet aller et retour entre les miroirs Nord-Sud. Comment mettre en évidence cette différence, assurément très faible, puisque la terre a une vitesse infime par rapport à celle de la lumière, 10 000 fois plus petite ?

Il y a pour cela un moyen très simple, un de ces artifices ingénieux chers à la malice des physiciens, un de ces procédés différentiels dont l'élégance et la netteté donnent toute sécurité.

Supposons que mes quatre miroirs soient collés, placés rigidement sur un plateau, un peu semblable aux tourniquets numérotés des loteries foraines. Supposons qu'on puisse faire tourner à volonté, sans choc et sans le déformer, ce plateau, ce qui est aisé si on le fait flotter sur un bain de mercure. J'observe à la loupe les franges d'interférences immobiles qui définissent la différence des trajets parcourus par mes rayons lumineux Nord-Sud et Est-Ouest. Puis, sans perdre de l'œil ces franges, je fais tourner mon plateau d'un quart de cercle ; cette rotation fait que les miroirs qui étaient Est-Ouest deviennent Nord-Sud et réciproquement.

Le double trajet parcouru par le rayon lumineux Nord-Sud est devenu Est-Ouest, s'est donc soudain allongé ; au contraire, le double trajet du rayon Est-Ouest est devenu Nord-Sud, s'est donc soudain raccourci. Les franges d'interférences, qui indiquent la différence de longueur de ces deux trajets, laquelle a soudain beaucoup varié, doivent nécessairement s'être déplacées, et d'une grande quantité, ainsi que le montre le calcul.

Eh bien ! pas du tout. On constate une immobilité complète des franges. Elles n'ont pas plus bougé que souches. C'est renversant, révoltant même, car enfin la précision de l'appareil est telle que, si la terre n'avançait dans l'éther qu'à la vitesse de 3 kilomètres par seconde (dix fois moins que sa vitesse réelle !), le déplacement des franges serait suffisant pour manifester cette vitesse.

*

Lorsque fut connu le résultat négatif de cette expérience, ce fut presque de la consternation parmi les physiciens. Puisque l'éther, — cela avait été prouvé par l'observation, — n'était pas entraîné par la terre, comment était-il possible qu'il se comportât tout de même que s'il avait participé à son mouvement ? Casse-tête chinois, qui ébranla mainte tête chenue et vénérable. Il fallait à toute force sortir de cette inexplicable contradiction, venger ce paradoxal pied de nez que les faits décochaient aux prévisions les plus sûres du calcul. C'est ce qu'on fit. Comment ? Mais par la méthode habituelle en pareil cas, par des hypothèses supplémentaires. Les hypothèses sont dans la science une sorte de mortier souple, et rapidement durci à l'air libre, qui permet d'une part de joindre les blocs disparates d'un édifice, d'autre part de remplir par du faux, que le passant superficiel prendra demain pour de la pierre de taille, les brèches creusées dans la muraille par les projectiles adventices. Et c'est parce que les hypothèses sont dans la science quelque chose qui ressemble à cela, que les meilleures théories scientifiques sont celles dont l'assemblage comporte le moins d'hypothèses.

Mais j'ai tort d'écrire, à propos de tout ceci, ce mot au pluriel, car il se trouva finalement qu'une seule et unique hypothèse permettait, à l'exclusion de toute autre, d'expliquer convenablement le résultat négatif de l'expérience de Michelson. Ceci d'ailleurs est rare et remarquable, car en général les hypothèses poussent comme des champignons dans chaque coin un peu sombre de la science, et on en trouve tout de suite vingt différentes pour expliquer la moindre incertitude.

Cette hypothèse unique qui semblait pouvoir tirer, les physiciens de l'embarras où les avait plongés Michelson fut imaginée d'abord par le savant irlandais Fitzgerald, puis reprise et fécondée par l'illustre Hollandais Lorentz, le Poincaré néerlandais, qui est un des plus merveilleux cerveaux de ce temps, et sans qui Einstein n'aurait pas plus existé que Kepler n'eût existé sans Copernic et Tycho-Brahé.

Voici maintenant en quoi consiste l'hypothèse aussi simple qu'étrange de Fitzgerald-Lorentz...

Mais auparavant, une remarque importante s'impose Beaucoup de bons esprits ont, — d'ailleurs après coup, — prétendu que le résultat de l'expérience de Michelson ne pouvait être que négatif *a priori*. En effet, — ont-ils raisonné, ou à peu près, — le principe de relativité classique, celui que Galilée et Newton connaissaient déjà, veut qu'il soit impossible à un observateur participant à la translation uniforme d'un véhicule, de mettre en évidence, par des faits observés sur le véhicule, les mouvements de celui-ci. Cela fait que quand deux navires ou deux trains se croisent, il est impossible aux passagers de connaître lequel est en mouvement, lequel va plus vite : tout ce qu'ils peuvent connaître, c'est la vitesse de l'un des trains ou des navires, par rapport à l'autre. On ne peut connaître que des vitesses relatives. Or, ont dit les bons esprits auxquels je fais allusion, si l'expérience Michelson avait donné un résultat positif, elle nous aurait fait connaître la vitesse absolue de la terre dans l'espace. Ce résultat aurait été contraire au principe de relativité de la philosophie et de la mécanique classiques qui est une vérité d'évidence. Donc, il ne pouvait être que négatif.

Il y a là, ainsi qu'on va voir, une ambiguïté et, — si j'ose ainsi m'exprimer, — une erreur de raisonnement, à laquelle il semble que n'aient pas échappé certains physiciens remarquables et notamment le professeur Eddington, qui est pourtant le plus averti des einsteiniens anglais. Par lui furent organisées les observations de l'éclipsé du 29 mai 1919 qui ont fourni, comme nous verrons, la vérification la plus frappante des inductions d'Einstein.

Tout d'abord, si l'expérience de Michelson avait donné un résultat positif, ce qu'elle aurait mis en évidence, c'est la vitesse de la terre par rapport à l'éther. Mais, pour que cette vitesse fût une vitesse absolue, il faudrait que l'éther fût identique à l'espace. Rien n'est moins certain que cette identité, et la preuve, c'est que nous pouvons très bien concevoir entre deux astres un espace, ou, pour mieux dire, une discontinuité, vide d'éther même, et à travers laquelle ne se propagerait ni la lumière, ni aucune des formes d'énergie connues.

Lorsque Eddington dit qu' « il est légitime et rationnel, » qu'il est « inhérent aux lois fondamentales de la nature, » qu'on ne puisse déceler un mouvement des objets par rapport à l'éther, que cela est certain, « même si les preuves expérimentales sont insuffisantes, » il affirme une chose qui ne serait évidente que si l'identité de l'espace et de l'éther était elle-même évidente. Or, il n'en est rien. Si l'expérience de Milchelson avait donné un résultat positif, si on avait décelé une vitesse de la terre, aurait-on décelé une vitesse par rapport à un point de repère absolu ? Nullement. Il se peut, il se pourrait très bien que l'Univers stellaire que nous connaissons, avec ses centaines de milliers de Voies Lactées que la lumière ne franchit qu'en des millions d'années, il se peut que tout cela soit le contenu d'une bulle d'éther qui roule dans un abîme vide d'éther et semé çà et là d'autres univers, d'autres gouttes d'éther gigantesques dont rien, dont aucun rayon lumineux ne nous viendra jamais. Ceci n'est en tout cas pas inconcevable. Mais alors, l'éther ayant les propriétés que lui attribue la physique classique, si le mouvement de la terre par rapport à lui avait pu être décelé, ce n'est pas un mouvement *absolu* qu'on aurait connu, c'est tout au plus un mouvement par rapport au centre de gravité de notre univers à nous, point de repère lui-même irréductible à un autre absolument immobile. Le principe de relativité classique n'aurait été en rien choqué.

Le résultat de l'expérience de Michelson pouvait donc, dans ces hypothèses, être aussi bien positif que négatif sans heurter, — quoi qu'on en ait dit, — le relativisme classique. En fait, il s'est trouvé négatif, et voilà tout : l'expérience a prononcé, mais elle seule pouvait prononcer.

Ces nuances n'ont pas échappé à Poincaré, qui disait notamment : « Par véritable vitesse de la terre, j'entends, non sa vitesse absolue, ce qui n'a aucun sens, mais sa vitesse par rapport à l'éther… » L'existence possible d'une vitesse décelable par rapport à l'éther n'apparaissait donc nullement comme une absurdité à celui qui a écrit : « Quiconque parle de l'espace absolu emploie un mot vide de sens. »

L'expérience, seule, a prouvé et était capable de prouver qu'on ne peut mesurer la vitesse d'un objet par rapport à l'éther. Mais enfin, elle l'a bien prouvé. Et après tout, puisqu'il est évidemment dans la nature des choses que nous ne puissions déceler de mouvement absolu, n'est-ce pas parce que la vitesse de la terre par rapport à l'éther constitue une vitesse absolue, que nous n'avons pu la déceler ? Peut-être, mais c'est indémontrable. Si oui, — mais il n'est pas sûr que ce soit oui, — c'est finalement l'*expérience*, seule source de la vérité, qui tend à nous montrer ainsi, indirectement, que l'éther est réellement identique à l'espace. Mais alors un espace vide d'éther, ou dans lequel rouleraient des bulles d'éther, cesse d'être concevable, et il n'existe rien qu'une masse unique d'éther où baignent les astres. En un mot, le résultat négatif de l'expérience de Michelson ne pouvait être déduit *a priori* de l'identité problématique de l'espace absolu et de l'éther. Mais ce résultat négatif ne permet pas d'exclure *a posteriori* cette identité.

Il importe que nous revenions maintenant à nos moutons, je veux dire à l'hypothèse de Fitzgerald-Lorentz qui explique le résultat de l'expérience de Michelson, et qui fut en quelque sorte le tremplin d'où Einstein prit son essor. Voici cette hypothèse.

Le résultat de l'expérience est celui-ci : quand le parcours aller et retour d'un rayon lumineux entre deux miroirs est transversal au mouvement de la terre à travers l'éther, et qu'on le rend parallèle à ce mouvement, on devrait constater que ce parcours a été allongé. Or, on constate qu'il n'en est rien. *Cela provient, d'après Fitzgerald et Lorentz, de ce que les deux miroirs se sont rapprochés dans le second cas, autrement dit de ce que le support sur lequel ils sont fixés s'est contracté dans le sens du mouvement de la Terre, et s'est contracté d'une quantité qui compense exactement l'allongement, qu'on aurait dû observer, du parcours des rayons lumineux.*

Or, en refaisant l'expérience avec les appareils les plus variés, on constate que le résultat est toujours le même (aucun déplacement des franges). Donc, la nature de la matière formant l'instrument (métal, verre, pierre, bois, etc.) n'a aucune influence sur le résultat observé. Donc, tous les corps subissent, dans le sens de leur vitesse par rapport à l'éther, un raccourcissement, une contraction. Cette contraction est telle qu'elle compense exactement l'allongement du trajet des rayons lumineux entre deux points de cette matière. Cette contraction est donc d'autant plus grande que la vitesse des corps par rapport à l'éther est plus grande.

Telle est l'explication proposée par Fitzgerald. Elle paraît au premier abord tout à fait étrange et arbitraire, et pourtant il n'y a pas d'autre moyen plausible d'expliquer le résultat de l'expérience de Michelson. D'ailleurs, si on y réfléchit, cette contraction paraît bientôt une chose moins extraordinaire, moins choquante pour le sens commun qu'il ne semblait d'abord. Si on jette très vite, contre un obstacle, un objet déformable, tel qu'un de ces petits ballons de baudruche que les enfants tiennent en laisse, on constate qu'il est légèrement déformé par l'obstacle, et précisément dans le sens de la contraction Fitzgerald-Lorentz. Le ballon cesse d'être sphérique, il s'aplatit un peu et de telle sorte que son diamètre dans la direction de l'obstacle devient plus petit. C'est après tout, avec plus de violence, le même phénomène qui se produit lorsqu'un grain de plomb ou une balle vient s'aplatir sur un blindage. Si donc les corps solides sont déformables, — et ils le sont, puisque le froid suffit à resserrer leurs molécules, — il n'y a après tout rien d'absurde, rien d'impossible à ce qu'un violent vent d'éther les déforme. Mais ce qui est beaucoup moins admissible, c'est que cette déformation soit identiquement la même, dans des conditions données, pour tous les corps, quelle que soit la matière dont ils sont formés. Notre petit ballon de tout à l'heure ne serait pas du tout déformé autant, s'il était en acier au lieu d'être en baudruche.

Enfin, il y a dans cette explication quelque chose de tout à fait invraisemblable, quelque chose qui choque à la fois le bon sens et sa caricature, le sens commun.

Est-il admissible que la contraction des corps, quelles que soient les circonstances des expériences (et on les a beaucoup variées), compense toujours exactement l'effet optique qu'on cherche à déceler ? Est-il admissible que la nature agisse comme si elle jouait à cache-cache avec nous ? Par quel mystérieux hasard se trouverait-il pour chaque phénomène une circonstance spéciale, providentiellement et exactement compensatrice?

Évidemment, il doit y avoir quelque affinité, quelque liaison, d'abord inaperçue, qui lie étroitement la mystérieuse contraction matérielle de Fitzgerald et l'allongement, compensé par elle, des trajets lumineux. Nous verrons tout à l'heure comment Einstein a élucidé le mystère, démonté le mécanisme jumelé qui lie les deux phénomènes, et projeté sur tout cela un faisceau de brillante lumière. Mais n'anticipons pas…

Elle est d'ailleurs extrêmement faible, la contraction de l'appareil dans l'expérience de Michelson. Elle l'est tellement que si l'appareil avait une longueur égale au diamètre de la terre, c'est-à-dire 12 000 kilomètres, il ne serait raccourci dans le sens de la translation terrestre que de 6 centimètres et demi ! C'est dire que ce raccourcissement de l'appareil ne pourrait, étant donné son extrême petitesse, en aucun cas, être mesurable au laboratoire. Mais il y a une autre raison à cela : même si l'appareil de Michelson était raccourci de plusieurs centimètres (c'est-à-dire même si la terre avait une translation des milliers de fois plus rapide), cela ne pourrait être ni mesuré ni constaté. En effet, les mètres dont nous nous servirions pour faire cette mesure seraient raccourcis proportionnellement d'autant. La déformation d'un objet terrestre par la contraction de Fitzgerald-Lorentz ne peut être en aucun cas mise en évidence par un observateur terrestre. Seul pourrait la constater un observateur ne participant pas à la translation terrestre et placé par exemple sur le soleil, ou sur une planète lente, comme Jupiter ou Saturne.

Autrement dit, Micromégas, avant que de quitter, pour nous faire visite, sa planète d'origine, aurait pu, par des moyens optiques, constater que la sphère terrestre est raccourcie de quelques centimètres dans la direction de son orbite, supposé que l'aimable héros voltairien fût muni d'appareils de triangulation infiniment plus précis que ceux de nos géodésiens et de nos astronomes. Arrivé sur la terre, Micromégas, muni des mêmes appareils précis, eût été dans l'impossibilité de constater à nouveau ce raccourcissement. Il en eût éprouvé assurément une grande surprise jusqu'à ce que, rencontrant Einstein, celui-ci lui eût expliqué, — comme il fera pour nous, — et élucidé le mystère. Mais je n'ai hélas ! pas le loisir ni l'espace, — car c'est ici surtout que l'espace est relatif, et sans cesse raccourci par le mouvement même de la plume, — pour décrire aujourd'hui ce qu'aurait pu être le dialogue de Micromégas et d'Einstein. Peut-être d'ailleurs, pour rester dans la vraisemblance du pastiche, ce dialogue eût-il été fort superficiel, car — ceci dit confidentiellement, — je crois bien que Voltaire, encore qu'il en ait fort discuté, n'a jamais trop bien compris Newton, lequel était moins difficile qu'Einstein. Mme du Chatelet non plus, dont on a fort vanté à tort la traduction des Principes... des immortels Principes... Cette traduction fourmille de non-sens prouvant que, si elle savait bien le latin, l'Égérie du philosophe n'entendait guère le Newton. Mais tout ceci est une autre affaire, comme dit Marc Twain, et sur laquelle je reviendrai peut-être quelque jour.

*

Selon l'heure et la saison où l'on fait l'expérience de Michelson ou les expériences analogues, la translation de l'appareil dans l'éther a des vitesses variables. Comme la compensation se produit toujours exactement, on peut se proposer de calculer la loi exacte qui règle la contraction en fonction de la vitesse, et rend celle-là, ainsi qu'on le constate, exactement compensatrice pour toutes les vitesses. C'est ce qu'a fait Lorentz. Si nous désignons par V la vitesse de la lumière, par v la vitesse du mobile dans l'éther, Lorentz a trouvé que, pour qu'il y ait compensation dans tous les cas, il faut que la longueur du corps mobile soit raccourcie, dans le sens de sa marche, dans la proportion de 1 à (FORMULE). Si à titre d'exemple nous prenons le cas de la translation terrestre où v= 30 km., on voit que la terre est raccourcie suivant son orbite dans la proportion de 1 à (FORMULE) ; La différence entre ces deux nombres est de 1/200 000 000, et la deux-cent-millionième partie du diamètre terrestre est égale à 6 centimètres et demi. C'est le nombre déjà trouvé.

Cette formule, qui donne la valeur de la contraction dans tous les cas, est élémentaire, et il n'est pas un élève de troisième qui n'en comprenne la signification. Elle nous permet de calculer la valeur du raccourcissement pour toute valeur de la vitesse. On en déduit facilement que si la terre avait une vitesse non plus de 30 kilomètres, mais de 260 000 kilomètres par seconde, elle serait raccourcie de moitié dans le sens de son déplacement (sans avoir ses dimensions altérées dans le sens perpendiculaire). Ainsi, à cette vitesse, une sphère devient un ellipsoïde aplati dont le petit axe égale la moitié du grand ; à cette vitesse un carré devient un rectangle dont le côté parallèle au mouvement est deux fois plus petit que l'autre. Ces déformations doivent apparaître à un observateur immobile ; mais elles sont inappréciables à un observateur participant au mouvement, pour la raison que nous avons dite : les mètres et instruments de mesure et l'œil lui-même de cet observateur sont eux-mêmes également et pareillement déformés. Mettez-vous devant une de ces glaces étrangement bombées et déformantes qu'on voit dans certaines salles de spectacle ; les unes vous montreront de vous-même une image extraordinairement allongée sans que votre corpulence ait varié ; d'autres au contraire vous montreront une image où vous aurez votre hauteur habituelle mais où votre largeur sera grotesquement multipliée. Essayez pourtant, avec un mètre gradué, de mesurer dans la glace et sur ces images déformées, votre hauteur et votre largeur. Si votre taille réelle est de 1m, 70 et votre largeur réelle de 60 centimètres, le mètre juxtaposé à votre étrange image dans la glace vous indiquera toujours que ces images ont 1m, 70 de haut et 60 centimètres de large. C'est que le mètre vu dans la glace a subi les mêmes déformations que l'image.

Cela fait que, même si le globe terrestre avait la vitesse fantastique dont nous avons parlé plus haut, les habitants de la terre n'auraient aucun moyen de constater que la terre et qu'eux-mêmes sont raccourcis de moitié dans le sens Est-Ouest. Un homme de 1m, 70, couché et orienté du Nord au Sud dans un vaste lit carré, et à qui il prendrait fantaisie de se coucher ensuite en travers, orienté de l'Est à l'Ouest, n'aurait soudain plus que 0m, 85 de taille ; en revanche sa corpulence aurait doublé dans le même temps, puisque tout à l'heure c'est elle qui était orientée de l'Est à l'Ouest. Mais la terre ne se déplace que de 30 kilomètres par seconde, et sa déformation totale n'est dans ces conditions que de quelques centimètres. Or à côté de cette vitesse de la terre, celle de nos véhicules les plus rapides n'est que d'une faible fraction de kilomètre par seconde. Pour un avion faisant 360 kilomètres à l'heure, la vitesse n'est que de 100 mètres par seconde. La contraction Fitzgerald-Lorentz rnaxima de nos véhicules les plus rapides ne peut donc être que d'une fraction si infime de milliardième de millimètre qu'elle nous est complètement inappréciable. C'est pour cela, mais pour cela seulement, que la forme des objets solides qui nous sont familiers semble être invariable et constante, quelle que soit la vitesse à laquelle ils passent devant nos yeux. Il en serait tout autrement si cette vitesse était des centaines de milliers de fois plus grande.

Tout cela est bien étrange, bien étonnant, bien fantastique, bien difficile à admettre. Et pourtant cela est, si la contraction Fitzgerald-Lorentz, seule explication possible de l'expérience de Michelson, existe réellement. Mais nous avons déjà vu quelques-unes des difficultés qu'il y a à concevoir l'existence de cette contraction. Il y en a d'autres : si tout ce que nous venons de dire est vrai, les objets immobiles dans l'éther conserveraient donc seuls leur forme vraie ; celle-ci serait déformée dès qu'il y a mouvement dans l'éther. Parmi les objets que nous voyons sphériques dans le monde extérieur (planètes, étoiles, projectiles, gouttes d'eau, que sais-je), il y en aurait donc qui sont réellement des sphères, tandis que d'autres, parce que leur mouvement est plus rapide ou plus lent, ne seraient que des ellipsoïdes allongés ou aplatis que la vitesse a déformés ? Ainsi parmi les divers objets carrés il y en aurait qui seraient de vrais carrés, d'autres qui, animés de vitesses différentes par rapport à l'éther, ne seraient que des rectangles réels dont la vitesse a raccourci en apparence le plus long côté ? Et nous n'aurions aucun moyen de savoir jamais quels sont, parmi ces objets animés de vitesses différentes, ceux dont nous voyons la *vraie* forme, ceux dont la forme n'est qu'apparente, puisque nous ne pouvons en aucun cas, l'expérience de Michelson le prouve, déceler une vitesse par rapport à l'éther ?

Non, non, et cent fois non. Il y a dans tout cela trop de difficultés. Pourquoi parler sans cesse, comme fait Lorentz, de vitesses par rapport à l'éther puisqu'aucune expérience ne peut mettre en évidence une pareille vitesse et que l'expérience est la source unique de la vérité scientifique ? Pourquoi d'autre part admettre que, parmi les objets sensibles, il en est de privilégiés qui, à l'exclusion des autres, se montrent sous leur aspect réel, sans déformation ? Pourquoi admettre une chose pareille qui, en soi, répugne à l'esprit scientifique toujours ennemi des exceptions dans la nature, — il n'est de science que du général, — surtout quand ces exceptions sont indiscernables ? Les choses en étaient là, — fort avancées, au point de vue de l'expression mathématique des phénomènes, mais fort embrouillées, décevantes, contradictoires et choquantes même, au point de vue physique — lorsque « enfin Malherbe vint »... je veux dire Einstein.

*

Première audace intelligente : Einstein, sans mettre l'éther au rang de ces fluides périmés qui comme le phlogistique ou les esprits animaux obstruaient les avenues de la science avant Lavoisier ; sans, dis-je, dénier à l'éther toute réalité, — car enfin quelque chose sert de support aux rayons qui nous viennent du soleil, — Einstein a remarqué d'abord que, dans tout ce qui précède, on parle sans cesse de vitesse par rapport à l'éther. On ne peut aucunement mettre en évidence de telles vitesses, et il serait peut-être plus simple de ne plus faire intervenir dans tous les raisonnements cette chose, réelle ou non, mais inaccessible et qui, dans la montée cahotante des physiciens à travers les ornières de toutes ces difficultés, joue seulement le rôle inefficace et gênant de la cinquième roue du carrosse électromagnétique. Premier point donc : Einstein provisoirement commence par laisser l'éther à l'écart de ses raisonnements ; il ne nie, ni n'affirme sa réalité ; il l'ignore d'abord. C'est ce que nous allons maintenant faire à son exemple. Nous ne parlerons plus, dans notre démonstration, du milieu dans lequel se propage la lumière. Nous ne considérerons celle-ci que par rapport aux êtres ou objets matériels qui l'envoient ou la reçoivent. Du coup notre marche va se trouver singulièrement allégée. Pour l'éther des physiciens, nous le reléguerons un moment au magasin des accessoires inutiles, à côté de l'éther suave, amorphe et vague… mais si précieux prosodiquement, des poètes.

Que montre en somme l'expérience de Michelson ? Qu'un rayon lumineux se propage à la surface de la terre exactement avec la même vitesse de l'Ouest à l'Est que de l'Est à l'Ouest. Imaginons au milieu d'une plaine deux canons identiques tirant, au même instant, par temps calme et sans vent, à la même vitesse initiale, deux projectiles semblables, l'un vers l'Ouest, l'autre vers l'Est. Il est clair que les deux projectiles mettront le même temps pour franchir des espaces égaux l'un vers l'Ouest, l'autre vers l'Est. Les rayons lumineux que nous pouvons produire sur la terre se comportent à cet égard, dans leur propagation, exactement comme ces obus. Il n'y aurait donc rien d'étonnant au résultat de l'expérience de Michelson si nous ne connaissions, des rayons lumineux, que ce que nous enseigne cette expérience. Mais poursuivons notre comparaison : considérons l'obus tiré par un de ces canons, et supposons qu'il tombe sur un blindage, sur une cible, en un certain point du champ de tir, et qu'en arrivant en ce point la vitesse restante de l'obus soit par exemple 50 mètres par seconde. Supposons cette cible montée sur un tracteur automobile. Si celui-ci est arrêté, la vitesse de l'obus par rapport à la cible sera, nous venons de le dire, de 50 mètres par seconde au point d'impact. Mais je suppose que le tracteur et la cible qu'il porte soient lancés, par exemple, à la vitesse de 10 mètres à la seconde (cela fait du 36 kilomètres à l'heure) dans la direction du canon, de telle sorte que la cible passe à sa position précédente exactement à l'instant où l'obus lui arrive. Il est clair que la vitesse de l'obus par rapport à la cible au moment où il l'atteint, ne sera plus 50 mètres, mais $50 + 10 = 60$ mètres par seconde. Il est évident au contraire que cette vitesse ne serait plus, toutes choses égales d'ailleurs, que $50 - 10 = 40$ mètres par seconde, si au lieu d'être lancée vers le canon la cible était lancée en sens inverse. Si la vitesse de la cible dans ce dernier cas était égale à celle de l'obus, il est clair que celui-ci ne la toucherait plus qu'avec une vitesse nulle. Tout cela va de soi-même, saute aux yeux. C'est pour cela que dans les music-halls les jongleurs peuvent recevoir, sur une assiette, des œufs frais tombant de très haut sans les casser : il leur suffit de donner à l'assiette, au moment du contact, une légère vitesse descendante qui amoindrit d'autant la vitesse du choc. C'est pour cela aussi, que les boxeurs habiles savent, par un léger mouvement, fuir devant le coup de poing, ce qui diminue sa vitesse efficace, tandis qu'au contraire, s'ils vont à sa rencontre, le coup est bien plus dur.

Si les rayons lumineux se comportaient en tout, — comme ils font dans l'expérience de Michelson, — de même que nos projectiles, qu'arriverait-il ? C'est que, lorsqu'on va très vite à la rencontre d'un rayon lumineux, on devrait trouver que ce rayon a, par rapport à l'observateur, une vitesse accrue, et qu'il a au contraire une vitesse diminuée lorsque l'observateur fuit devant lui. S'il en était ainsi, tout serait simple ; les lois de l'optique seraient les mêmes que celles de la mécanique, aucune contradiction entre elles n'aurait jeté l'émoi dans l'armée paisible des physiciens, et Einstein aurait dû employer à autre chose les ressources de son génie. Malheureusement, — ou peut-être heureusement, car, après tout, l'imprévu et le mystère seuls donnent du charme à la marche de ce monde, — il n'en est rien.

Les observations physiques, comme les astronomiques, montrent qu'en toutes circonstances, qu'on coure très vite au-devant de la lumière ou qu'on fuie devant elle, toujours elle a par rapport à l'observateur exactement la même vitesse. Il y a, en particulier, dans le ciel des étoiles qui s'éloignent ou se rapprochent de nous, c'est-à-dire dont nous nous éloignons ou nous rapprochons avec des vitesses de plusieurs dizaines et même de centaines de kilomètres par seconde. Eh bien ! l'astronome de Sitter a montré que la vitesse de la lumière qui nous en arrive est pour nous et toujours exactement la même.

Ainsi, on ne peut jamais, par aucun artifice, par aucun mouvement ajouter ou retrancher quelque chose à la vitesse avec laquelle nous parvient un rayon lumineux. L'observateur constate que la vitesse de la lumière est, par rapport à lui, toujours exactement la même, que cette lumière provienne d'une source qui s'éloigne ou qui se rapproche très vite, qu'il coure à la rencontre de cette lumière ou qu'il fuie devant elle. L'observateur peut toujours augmenter ou diminuer la vitesse par rapport à lui d'un obus, d'une onde sonore, d'un mobile quelconque, en s'élançant vers ce mobile ou en fuyant devant lui. Quand le mobile est un rayon lumineux, on ne peut rien faire de pareil. Ainsi, la vitesse d'un véhicule ne peut en aucun cas s'ajouter à celle de la lumière qu'il reçoit ou qu'il émet, ni s'en retrancher. Cette vitesse, limite de près de 300 000 kilomètres par seconde, qu'on observe toujours pour la lumière, est, à divers égards, analogue à la température de 273° au-dessous de zéro qu'on appelle le « zéro absolu » et qui est, elle aussi, dans la nature, une limite infranchissable.

Tout cela prouve que les lois qui règlent les phénomènes optiques ne sont pas les mêmes que les lois classiques des phénomènes mécaniques. C'est à concilier, à réconcilier ces lois apparemment contradictoires que s'est attaché Lorentz, après Fitzgerald, par l'hypothèse étrange de la contraction.

Mais voici que, lumineusement, Einstein va nous montrer que cette contraction est une chose parfaitement naturelle lorsqu'on abandonne certaines conceptions erronées... encore que classique, qui présidaient à notre manière, habituelle, ancestrale, d'apprécier les longueurs et les temps.

Considérons un objet quelconque, une règle par exemple. Qu'est-ce qui définit pour nous la longueur apparente de cette règle ? C'est l'image délimitée sur notre rétine par les deux rayons provenant des deux extrémités de la règle, et qui parviennent à notre pupille *simultanément*. J'ai souligné à dessein ce mot, car il est ici la clef de tout. Si notre règle est immobile devant nous, cela est tout simple. Mais si on la déplace pendant que nous la regardons, ce l'est moins. Ce l'est même si peu, qu'avant Einstein, la plupart des plus grands savants et toute la science classique ont pensé que l'image instantanée d'un objet indéformable était nécessairement et toujours identique et indépendante des vitesses de l'objet et de l'observateur. C'est que toute la science classique raisonnait comme si la propagation de la lumière avait été elle-même instantanée, avait eu une vitesse infinie, ce qui n'est pas.

Je suis sur le talus, au bord d'une ligne de chemin de fer ; sur la voie il y a un de ces beaux wagons allongés de la Compagnie des wagons-lits, où il est si agréable de penser que l'espace est relatif, au sens galiléen du mot. Je fais planter tout au bord de la voie deux piquets l'un bleu, l'autre rouge, qui marquent exactement les extrémités de ce wagon et qui encadrent tout juste sa longueur. Puis, sans quitter mon poste d'observation qui est sur le talus, face au milieu du wagon, j'ordonne que celui-ci soit ramené en arrière et attelé à une locomotive d'une puissance inouïe qui va le faire passer devant moi à une vitesse fantastique, des millions de fois supérieure a toutes celles qu'ont pu réaliser les ingénieurs... tant est grande la supériorité potentielle de l'imagination sur la médiocre réalité. Je suppose aussi que ma rétine est parfaite et constituée de telle sorte que les impressions visuelles n'y durent qu'autant que la lumière qui les provoque. Ces hypothèses un peu arbitraires n'entrent pour rien dans le fond de la démonstration ; elles la rendent seulement plus commode. Et maintenant voici la question. Quand le wagon-lit, que je suppose fait, d'ailleurs, d'un acier indéformable, passera à toute vitesse devant moi, aura-t-il pour moi exactement la même longueur apparente que lorsqu'il était au repos ? Autrement dit, à l'instant où je verrai son extrémité avant coïncider en passant avec le piquet bleu que j'ai fait planter, verrai-je son extrémité arrière coïncider en même temps avec le piquet rouge ? A cette question Galilée, Newton et tous les tenants de la science classique auraient répondu oui. Et pourtant la réponse est *non* : les faits, arbitres souverains de toutes nos controverses, vont nous le prouver.

Je suis, rappelons-le, placé au bord de la voie, à égale distance des deux piquets. Lorsque l'extrémité antérieure du wagon coïncide avec le piquet bleu, elle envoie vers mon œil un certain rayon lumineux (que j'appelle pour simplifier rayon-avant) qui coïncide avec le rayon que m'envoie le piquet bleu. Ce rayon-avant atteint mon œil *en même temps* qu'un certain rayon venu de l'extrémité arrière du wagon (et que j'appelle pour simplifier rayon-arrière). Le rayon-arrière coïncide-t-il avec le rayon que m'envoie le piquet rouge ? Évidemment non : en effet le rayon-avant s'éloigne de l'extrémité avant du wagon avec la même vitesse que le rayon-arrière de l'extrémité arrière (comme le constaterait un voyageur qui, dans le wagon, ferait sur ces rayons l'expérience de Michelson). Mais l'extrémité avant du wagon s'éloigne de mon œil tandis que l'extrémité arrière s'en approche. Par conséquent le rayon-avant se propage vers mon œil plus lentement que le rayon-arrière, sans que je puisse d'ailleurs m'en apercevoir, puisque à leur arrivée je trouve la même vitesse aux deux rayons. Par conséquent, le rayon-arrière qui arrive à mon œil en même temps que ledit rayon-avant, a dû quitter l'extrémité arrière du wagon plus tard que le rayon-avant n'a quitté son extrémité avant. Donc lorsque je vois le bord antérieur du wagon coïncider avec le piquet bleu, je vois simultanément le bord arrière du wagon qui a déjà dépassé depuis un certain temps le piquet rouge. Donc la longueur du wagon lancé à toute vitesse, et telle qu'elle m'apparait, est plus petite que la distance des deux piquets, laquelle marquait la longueur du wagon au repos.

J'ose espérer qu'avec un peu d'attention, tout le monde comprendra cette démonstration dont la simplicité élémentaire n'a point été obtenue sans peine. Il en résulte que le wagon ou, d'une manière générale, un objet quelconque est raccourci par sa vitesse et dans le sens de sa vitesse par rapport à l'observateur. La même chose a lieu évidemment si c'est l'observateur qui se déplace devant l'objet, puisqu'on ne peut connaître que des vitesses relatives, en vertu du principe de relativité classique de Newton et de Galilée.

Sous cet aspect nouveau, on voit que la contraction de Lorentz-Fitzgerald devient une chose intelligible ou du moins admissible. Cette contraction n'est plus la cause du résultat négatif de l'expérience de Michelson ; elle en est la conséquence. Tout s'en trouve clarifié, et on comprend maintenant qu'il y avait, dans la façon classique d'évaluer la dimension des objets, quelque chose d'incorrect.

Certes, le fait que des rayons lumineux, animés de vitesses différentes à leur départ de leurs sources, aient toujours en arrivant à notre œil des vitesses identiques et indiscernables, est étrange et heurte quelque peu nos vieilles, habitudes d'esprit. Si j'ose employer une comparaison qui est seulement destinée à faire penser, mais nullement à expliquer, il y a là peut-être quelque chose d'analogue à ce qui se passe avec les bombes d'avions. Des bombes d'un modèle donné, qu'elles soient lâchées par l'avion d'une hauteur de 5000 mètres ou d'une hauteur de 10000, et qui, par conséquent, ont à 5000 mètres du sol des vitesses de chute fort dissemblables, ont toujours en arrivant au sol la même vitesse restante. C'est l'effet modérateur, égalisateur, de la résistance de l'air qui empêche la vitesse de s'accroître indéfiniment et la rend constante lorsqu'elle a atteint une certaine valeur. Faut-il admettre qu'autour de notre œil, autour des objets, il y a une sorte de champ de résistance qui impose à la lumière survenante une limite semblable ? Qui le sait ? D'ailleurs ces questions n'ont peut-être pas de sens pour un physicien. Celui-ci ne peut connaître et ne connaîtra le comportement de la lumière qu'à son départ de la source matérielle et à son arrivée à l'œil armé ou non d'instruments. Il ne peut savoir comment se comporte sa propagation dans l'espace intermédiaire dénué de matière. Plus d'ailleurs nous approfondirons la nouvelle physique, plus nous constaterons qu'elle puise presque toute sa force dans son dédain systématique de ce qui n'est pas phénoménal, de ce qui n'est pas expérimentalement observable. C'est parce qu'elle est basée uniquement sur les faits (si contradictoires soient-ils) que notre démonstration du raccourcissement nécessaire des objets par leur vitesse relative à l'observateur, est forte.

*

Nous comprenons maintenant le sens profond de la contraction de Fitzgerald-Lorentz. Cette contraction apparente n'est nullement due au mouvement des objets par rapport à l'éther ; elle est essentiellement l'effet des mouvements des objets et des observateurs les uns par rapport aux autres, des mouvements relatifs, au sens de la vieille mécanique.

Les plus grandes vitesses relatives auxquelles nous soyons habitués dans la pratique de l'existence sont inférieures à quelques kilomètres par seconde (la vitesse initiale de l'obus de la Bertha n'était que d'environ 1 300 mètres par seconde). Pour de si petites différences de vitesse, la contraction relativiste est complètement négligeable, et c'est pourquoi, ne l'ayant jamais constatée, la mécanique classique a considéré la forme et la dimension des objets rigides comme indépendante des systèmes de référence.

C'était à peu près vrai. C'est là toute la différence qu'il y a entre le vrai et le faux. Dire que $999990 + 9 = 1$ million, c'est dire quelque chose d'à peu près vrai, donc de faux. Quand la rotondité de la terre fut démontrée, cela ne changea assurément rien aux procédés des architectes, qui construisent encore leurs bâtisses comme si la direction marquée par le fil à plomb était toujours parallèle à elle-même. Pareillement nos fabricants de locomotives et d'avions n'auront pas de longtemps à considérer les formes de leurs machines comme dépendant de leurs vitesses. Qu'importe ! Le point de vue de la pratique n'est et ne doit être celui de la science que par ricochet. Tant pis s'il n'y a pas de ricochet, ou s'il est tardif.

D'ailleurs, on a découvert depuis quelques années, ici-bas, des mobiles dont les vitesses, relatives à nous, atteignent des dizaines, des centaines de milliers de kilomètres : ce sont les projectiles des rayons cathodiques et des rayons du radium. A ces vitesses, la contraction relativiste est très notable. Nous verrons comment, effectivement, elle a été notée.

Récapitulons ce qui est maintenant acquis :

Les objets apparaissent déformés par la vitesse, dans le sens de celle-ci et non dans le sens perpendiculaire. Donc leur forme, fussent-ils d'une matière idéale et parfaitement indéformable, dépend de leur vitesse rapportée à l'observateur. Ceci est le point de vue essentiellement nouveau que la « relativité spéciale » d'Einstein a surajouté à la relativité des mécaniciens classiques, et à la relativité des philosophes. Pour eux, les dimensions absolues d'un objet rigide ou d'une figure géométrique n'avaient rien d'absolu, et seuls les RAPPORTS de ces dimensions avaient une réalité. Le point de vue nouveau est que ces rapports eux-mêmes sont relatifs, puisqu'ils sont fonction de la vitesse de l'observateur. C'est une sorte de relativité au second degré, à laquelle ni les philosophes, ni les physiciens classiques n'avaient songé.

Les relations spatiales elles-mêmes sont relatives, dans un espace déjà relatif.

Dans le cas de notre wagon de tout à l'heure et des deux piquets qui définissent sa longueur au repos, un observateur placé dans le wagon trouverait que la distance des deux piquets s'est raccourcie lorsqu'il les passe en vitesse. Son wagon lui semble plus long que l'intervalle des piquets. Moi qui reste entre ceux-ci, je constate le contraire. Et pourtant je, n'ai aucun moyen de démontrer au voyageur qu'il s'est trompé. Je vois très bien que le rayon lumineux venu du piquet arrière court derrière le wagon et par conséquent a, par rapport à lui, une vitesse inférieure à 300 000 kilomètres par seconde ; je sais que de la provient l'erreur du voyageur, mais je n'ai aucun moyen de le convaincre de cette erreur, car il me répondra toujours et avec raison : « J'ai mesuré la vitesse avec laquelle ce rayon m'arrive et je l'ai trouvée égale à 300000 kilomètres. » Chacun de nous en réalité a raison.

En mouvement très rapide, un carré paraîtrait un rectangle à l'observateur ; un cercle paraîtrait elliptique. Si la terre tournait quelques milliers de fois plus vite autour du soleil, celui-ci nous paraîtrait allongé et pareil à un gigantesque citron suspendu dans le ciel. Si un aviateur pouvait survoler à une vitesse fantastique la place Vendôme, suivant la direction de la rue de la Paix, — et si ses impressions rétiniennes étaient instantanées, — il verrait la place ayant la forme d'un rectangle très aplati ; s'il la survolait suivant une diagonale, il la verrait, de carrée qu'elle était, devenir un losange. Si le même aviateur survolait, en la coupant, une route où chemine du bétail bien engraissé conduit vers l'abattoir, il s'étonnerait, car les animaux lui sembleraient étonnamment minces et maigres sans que leur longueur ait varié.

Le fait que les déformations dues à la vitesse sont réciproques est une des conséquences les plus curieuses de tout cela. Un homme qui serait capable de circuler en tous sens parmi les autres hommes avec la vitesse fantastique des follets shakespeariens (mettons à environ 260000 kilomètres à la seconde… mais que ne peut un follet shakespearien !) trouverait que ses semblables sont devenus des nains deux fois plus petits que lui. C'est donc que lui-même serait devenu un géant, une sorte de Gulliver parmi ces Lilliputiens ? Eh bien ! pas du tout : par un juste retour des choses d'ici-bas, il apparaîtrait lui aussi comme un nain à ceux qu'il croit bien plus petits que lui, et qui sont sûrs du contraire. Qui a raison, qui a tort ? Les uns et les autres ; tous les points de vue sont exacts, mais il n'y a que des points de vue personnels. Autre chose encore : un observateur, quel qu'il soit, ne peut voir les êtres et les objets non liés à lui que plus petits, — jamais plus grands ! — que ceux liés à son mouvement. Si j'osais alléger ce grave exposé par quelque réflexion moins austère qu'il n'est d'usage parmi les physiciens, je remarquerais que le système nouveau nous apporte ainsi une justification suprême de l'égoïsme ou plutôt de l'égocentrisme.

Après l'espace, le temps. Par un raisonnement analogue à celui qui nous a montré la distance des choses dans l'espace liée à leur vitesse relative à l'observateur, on peut établir que leur distance dans le temps en dépend également. Je ne juge pas utile de refaire ici, par le menu, le raisonnement pour les durées ; il serait analogue à celui qui nous a servi pour les longueurs, et encore plus simple. Ce résultat est le suivant : le temps exprimé en secondes que met un train à passer d'une station à une autre est plus court pour les voyageurs du train que pour nous qui les regardons passer, et qui sommes munis d'ailleurs de chronomètres identiques aux leurs. Pareillement tous les gestes faits par des hommes, sur un véhicule en mouvement, apparaîtront ralentis et par conséquent prolongés à un observateur immobile, et réciproquement. Pour que ces variations des durées fussent sensibles, il faudrait, comme pour les variations concomitantes des longueurs, que les vitesses fussent fantastiques.

Naguère, avant l'hégire einsteinienne, avant le début de l'ère relativiste, on croyait assez communément que l'*espace* réellement occupe par un objet était suffisamment et explicitement défini par ses dimensions dans le sens de la longueur, de la largeur, de la hauteur. Ces données sont ce qu'on appelle les trois *dimensions* d'un objet ; comme encore, si on préfère employer d'autres points de repères, la longitude, la latitude et l'altitude de chacun de ses points, ou bien, en astronomie, l'ascension droite, la déclinaison et la distance. Il était bien entendu et bien connu qu'on outre il fallait préciser l'époque, l'instant auquel correspondaient ces données. Si je définis la position d'un aéronef par sa longitude, sa latitude et son altitude, ces indications ne sont exactes que pour l'instant considéré, puisque l'aéronef se déplace par rapport au repère, — et cet instant doit être lui aussi donné. En ce sens, on sentait depuis longtemps que l'espace dépend du temps.

Mais la théorie relativiste montre qu'il en dépend d'une manière bien plus intime encore et bien plus profonde, et que le temps et l'espace sont aussi liés et solidaires que ces monstres xiphopages que les chirurgiens ne peuvent séparer sans tuer l'un et l'autre.

Les dimensions d'un objet, sa forme, l'*espace* apparent occupé par lui dépendent de *sa vitesse*, c'est-à-dire du *temps* que met l'observateur à parcourir une certaine distance par rapport à cet objet. A cet égard déjà l'*espace* dépend du *temps* ; mais on outre, l'observateur mesure ce temps avec un chronomètre dont les secondes sont plus ou moins précipitées selon cette vitesse.

Donc définir l'espace sans le temps est impossible. C'est pourquoi on dit maintenant que le temps est la quatrième dimension de l'espace, et que l'espace où nous vivons à quatre dimensions.

Il est curieux que certains bons esprits dans le passé en avaient eu l'intuition plus ou moins obscure. C'est ainsi qu'en 1777 Diderot écrivait dans l'*Encyclopédie* à l'article « Dimension : » « ... J'ai dit plus haut qu'il était impossible de concevoir plus de trois dimensions. Un homme d'esprit de ma connaissance croit qu'on pourrait cependant regarder la durée comme une quatrième dimension et que le produit du temps par la solidité serait, en quelque manière, un produit de quatre dimensions. Cette idée peut être contestée, mais elle a, il me semble, quelque mérite, quand ce ne serait que celui de la nouveauté. »

C'est d'ailleurs certainement Descartes qui, par sa découverte de la géométrie analytique, a fait jaillir le premier l'idée d'un espace a plus de trois dimensions. Puisqu'en effet, en coordonnées cartésiennes, les lignes ou espaces à une dimension sont représentés par les expressions du premier degré, les surfaces ou espaces à deux dimensions par les expressions du second, les volumes ou espaces à trois dimensions par celles du troisième, il était indiqué de se demander si les expressions du quatrième degré et au-delà n'étaient pas, elles aussi, la représentation algébrique de quelque forme d'espace à quatre dimensions ou davantage.

L'espace à quatre dimensions des relativistes n'est, au surplus, pas tout à fait ce qu'imaginait Diderot. Il n'est pas le produit du temps par l'espace, car une diminution du temps n'y est pas compensée par un accroissement de l'espace, bien au contraire.

Considérons deux événements : par exemple les passages successifs, et en vitesse, de notre wagon-lit à deux stations. Pour un voyageur du wagon la distance des deux stations, mesurée par la longueur du chemin parcouru, est, comme nous l'avons montré, plus courte que pour un observateur immobile au bord de la voie. Le temps qui sépare les deux passages est également plus court pour le premier observateur que pour celui-ci, puisque le nombre des secondes écoulées aux chronomètres identiques dont ils sont munis est plus petit pour le premier.

En un mot, la distance dans le temps et la distance dans l'espace diminuent toutes deux en même temps lorsque la vitesse de l'observateur augmente et augmentent toutes deux quand la vitesse de l'observateur diminue.

Ainsi la vitesse (et il ne s'agit jamais, rappelons-le, que de la vitesse relativement aux choses observées), opère en quelque sorte comme un double frein qui ralentit les durées et raccourcit les longueurs. Si l'on préfère une autre image, la vitesse nous fait voir à la fois les espaces et les temps plus obliquement, sous un angle de plus en plus aigu. L'espace et le temps ne sont donc que des effets de perspective.

Pouvons-nous concevoir l'espace à quatre dimensions, c'est-à-dire pouvons-nous en imaginer une représentation sensible ? Si non, cela ne prouvera rien contre la réalité de cet espace. Pendant des siècles on n'a pas conçu les ondes hertziennes et aujourd'hui encore elles ne nous sont pas directement sensibles. En existent-elles moins ? En vérité, nous ne concevons déjà que difficilement l'espace à trois dimensions. Sans nos déplacements musculaires nous l'ignorerions. Un homme paralysé et borgne, c'est-à-dire n'ayant pas la sensation du relief que donne la vision binoculaire, — qui est, elle aussi, avant tout un tâtonnement musculaire, — verrait de son œil unique et immobile tous les objets projetés dans un même plan, comme sur une toile de fond au théâtre. L'espace à trois dimensions lui serait inaccessible.

Mais je crois que certaines personnes peuvent se représenter l'espace à quatre dimensions. Les divers aspects successifs d'une fleur aux différents âges de sa croissance, du jour où elle n'est qu'un fragile bourgeon vert jusqu'à celui où ses pétales épuisés tombent dolents, et les divers déplacements successifs de sa corolle sous l'influence du vent constituent une image globale de la fleur dans l'espace à quatre dimensions. Est-il des hommes pouvant d'un seul coup voir tout cet ensemble ? Oui, et notamment, je crois, les bons joueurs d'échecs. Si un grand joueur d'échec joue bien, c'est parce que, d'un seul regard de son œil mental, il voit *simultanément toute la suite* chronologique des coups successifs possibles dérivés d'un seul coup initial, avec toutes leurs répercussions sur l'échiquier. Les mots soulignés dans la phrase précédente jurent un peu d'être accouplés. C'est que nous sommes dans un domaine où c'est une gageure de prétendre exprimer vocabulairement les nuances des choses. Autant vaudrait, après tout, vouloir exprimer avec des mots ce qu'il y a dans une symphonie de Beethoven. « Traduttore traditore : » si cet adage est vrai, c'est surtout parce que le mot est l'organe de la traduction.

*

Arrivés à ce point, dans notre lente ascension de la physique relativiste, nous n'avons plus devant les yeux qu'un champ de bataille où gisent des cadavres et des débris. Le temps et l'espace, ces crochets que nous croyions solidement rivés au mur derrière lequel se cache la réalité, et où nous attachions nos flottantes notions du monde extérieur, ainsi que des vêtements à des porte-manteaux, sont maintenant arrachés et tombés dans le plâtras des anciennes théories, sous les coups de marteau de la physique nouvelle.

Nous savions bien, certes, que l'âme des êtres nous était cachée, mais nous pensions du moins voir leur visage. Voilà qu'en nous approchant, celui-ci n'est plus qu'un masque. Le monde extérieur n'est rien qu'un bal travesti, et, chose ironique et décevante, c'est nous-mêmes qui avons fabriqué les masques de velours aux reflets changeants, les costumes papillotants. En définissant les choses par l'espace et par le temps, nous avons projeté sur elles deux faisceaux de lumière qui nous montrent en elles des formes et des couleurs. Et voilà que nous découvrons que ces couleurs ne sont que celles, monochromatiques, de la lumière projetée. Et voilà que nous découvrons que les formes mêmes que nous leur voyons leur sont imposées par notre projecteur : le faisceau lumineux est arbitrairement découpé et délimité par un diaphragme dont l'ouverture dépend de sa vitesse ! Le temps et l'espace ne sont-ils donc que des hallucinations ? Et alors, que reste-t-il ?

Eh bien ! non. Car voici qu'après avoir détruit des ruines branlantes, la doctrine relativiste va soudain reconstruire, mieux construire ; voici que, derrière les voilés déchirés et foulés aux pieds, va nous apparaître une réalité plus neuve, plus profonde.

Si nous décrivons l'univers à la manière habituelle, séparément dans les catégories du temps et de l'espace, nous voyons que son aspect dépend de l'observateur. Mais le calcul montre qu'il n'en est heureusement pas de même lorsqu'on le décrit dans la catégorie unique de ce continuum à quatre dimensions dont il a été question et que nous appellerons pour simplifier l'espace-temps. Si j'ose employer cette image, le temps et l'espace sont comme deux miroirs, l'un convexe, l'autre concave, — dont les courbures sont d'autant plus accusées que la vitesse de l'observateur est plus grande. Chacun de ces deux miroirs donne séparément une image déformée de la succession des choses. Mais, par une heureuse compensation, il se trouve qu'en combinant les deux miroirs de telle sorte que l'un réfléchisse les rayons reçus par l'autre, l'image de cette succession est rétablie dans sa réalité non déformée.

La distance dans le temps et la distance dans l'espace de deux événements donnés très voisins augmentent toutes deux ou diminuent toutes deux quand la vitesse de l'observateur diminue ou augmente. Nous l'avons établi. Mais le calcul qui est facile, grâce à la formule donnée ci-dessus pour exprimer la contraction de Lorentz-Fitzgerald, montre qu'il existe une relation constante entre ces variations concomitantes du temps et de l'espace. Très exactement, la distance dans le temps et la distance dans l'espace de deux événements voisins sont numériquement entre elles comme l'hypoténuse et un autre côté d'un triangle rectangle sont au troisième côté lequel resterait invariable.

Ce troisième côté étant pris pour base, les deux autres côtés dessineront, au-dessus de celle base fixe, un triangle plus ou moins haut, selon que la vitesse de l'observateur sera plus ou moins réduite. Cette base fixe du triangle dont les deux autres côtés, — la distance spatiale et la distance chronologique, — varient simultanément avec la vitesse de l'observateur, est donc une quantité indépendante de cette vitesse.

C'est cette quantité, qu'Einstein a appelée l'*intervalle* des événements. Cet « intervalle » des choses dans l'espace-temps est une sorte de conglomérat de l'espace et du temps, un amalgame de l'un et de l'autre dont les composants peuvent varier, mais qui, lui, reste invariable. Il est la résultante constante de deux vecteurs changeants. L'« intervalle » des événements, ainsi défini, nous fournit pour la première fois, depuis que la science péniblement se crée, une représentation impersonnelle de l'Univers.

Suivant la saisissante image de Minkowski, « l'espace et le temps ne sont que des fantômes. Seul existe dans la réalité une sorte d'union intime de ces deux entités. »

Cette unique réalité saisissable à l'homme dans le monde extérieur, cette donnée, la seule vraiment objective et impersonnelle qui nous soit accessible, c'est donc l'*intervalle* einsteinien, tel qu'il vient d'être défini. L'*Intervalle* des événements est la seule réalité sensible. Hors de là, il y a peut-être quelque chose, mais rien que nous puissions connaître.

Étrange destinée des choses humaines ! Le principe de relativité, par les découvertes de la physique moderne, a étendu son aile vaporeuse bien plus loin qu'autrefois et jusqu'à des sommets qu'on croyait inaccessibles à son vol aquilin. Et c'est à lui pour tant que nous devons la première emprise véritable de la faiblesse humaine sur le monde sensible, sur la réalité. Le système d'Einstein, dont il nous reste avoir maintenant la partie constructive, disparaîtra un jour comme les autres, car il n'existe dans la science que des théories « à titre temporaire, » jamais de théories « à titre définitif : » et c'est peut-être ce qui a multiplié ses victoires. La notion de l'*Intervalle* des choses survivra à tous les écroulements. Sur elle devra être bâtie la science de l'avenir ; sur elle s'élève chaque jour l'édifice hardi de la science d'aujourd'hui.

Encore, ceci doit-il être formellement entendu : l'*Intervalle einsteinien* ne nous apprend rien sur l'absolu, sur les choses en soi. Il ne nous indique, lui aussi, que des relations entre ces choses. Mais les relations qu'il manifeste sont, pour la première fois, véritables et indépendantes du regardant. Elles participent de ce degré de vérité objective que la science classique attribuait fallacieusement aux relations chronologiques et aux relations spatiales des phénomènes. Mais celles-ci n'étaient que des balances fausses, et seul l'Intervalle einsteinien nous livre ce qui peut être connu du Réel.

Nous avons levé à jamais un léger coin du voile décevant qui dérobait à notre avidité la nudité sacrée de la Nature.

La Mécanique d'Einstein

Lorsque Baudelaire écrivait : « Je hais le mouvement qui déplace les lignes », il ne pensait, comme les physiciens de son époque, qu'à ces déformations statiques connues depuis qu'il y a des hommes et qui regardent. Ce que nous avons vu de l'espace et du temps einsteiniens nous montre qu'il y a, en outre, des déformations cinématiques, ducs à la vitesse, et à l'abri desquelles ne se trouve aucun objet sensible, si rigide et indéformable qu'il semble. Le mouvement déforme donc les lignes bien plus que ne pensait Baudelaire, et même celles des plus marmoréennes statues. Cette déformation-là, qu'il faut aimer et non haïr, parce qu'elle nous rapproche du cœur même des choses, a bouleversé d'abord la mécanique entière.

La mécanique est à la base de toutes les sciences expérimentales parce qu'elle est la plus simple et parce que les phénomènes qu'elle étudie sont toujours présents, — sinon exclusivement présents, — parmi les phénomènes objets des autres sciences plus complexes, physique, chimie, biologie. La réciproque n'est pas vraie. Par exemple, il n'y a pas un seul phénomène chimique ou biologique où l'on ne doive considérer des corps qui sont en mouvement, qui ont une masse, qui dégagent ou absorbent de l'énergie. Au contraire, les particularités spéciales d'un phénomène biologique, ou chimique, ou physique, par exemple l'existence d'une différence de potentiel, ou d'une oxydation, ou d'une pression osmotique ne se retrouvent pas toujours dans l'étude des mouvements d'une masse pesante et des forces agissant sur elle et par elle. Par rapport à la mécanique, la physique, la chimie, la biologie ont, rangés dans cet ordre, des objets de complexité croissante et de généralité, ou, pour mieux dire, d'universalité décroissante. Ces sciences ont une dépendance réciproque qui est un peu celle du tronc d'un arbre avec ses branches, ses rameaux et ses fleurs. Elles sont un peu aussi entre elles comme les pièces emboîtées des mâts sur lesquels les télégraphistes militaires fixent leurs antennes. La pièce inférieure du mât, plus large, soutient le tout, mais ce sont les pièces supérieures qui portent les organes délicats et compliqués. L'objet des grands synthétistes de la science a toujours été et est encore de ramener, comme l'avait tenté Descartes, tous les phénomènes aux phénomènes mécaniques. Que ces tentatives soient ou non fondées, qu'elles puissent un jour aboutir ou qu'elles soient, au contraire, *a priori* vouées à l'échec parce que les phénomènes physico-biologiques contiennent peut-être des éléments essentiellement irréductibles aux éléments mécaniques, c'est une question qui a été et qui sera encore très disputée. Mais quelles que soient à cet égard les altitudes variées des penseurs, ils sont d'accord sur ceci : dans tous les phénomènes naturels, dans tous les phénomènes objets de science, il y a l'élément mécanique, pour les uns *élément exclusif*, pour les autres *élément principal*, mais seulement partiel, des réalités objectives.

Si je rappelle ici tout cela, c'est pour en arriver à cette conclusion : tout ce qui change la mécanique, change du même coup l'édifice des notions fondées sur elle, c'est-à-dire toutes les autres sciences, toute la science, et notre conception de l'Univers.

Or nous allons voir que la théorie d'Einstein, par une conséquence immédiate de ce qu'elle nous a enseigné déjà du temps et de l'espace, bouleverse de fond en comble la mécanique classique. C'est pour cela, et par cela surtout, qu'elle a porté dans l'édifice un peu somnolent de la science traditionnelle un ébranlement dont les vibrations ne sont pas près de cesser. Mais, en abordant la mécanique einsteinienne, nous aurons la joie de passer des conceptions un peu trop exclusivement géométriques et psychologiques de temps et d'espace, à l'étude directe des réalités sensibles, des *corps* ; ici nous pourrons confronter la théorie et la réalité, les prémisses mathématiques et les vérifications substantielles, et nous aurons le plaisir de voir par les faits, par l'expérience, ce qu'il faut penser de tout cela. Entre les anciennes manières de concevoir et la nouvelle, nous pourrons choisir en connaissance de cause d'après des critères visibles. En un mot, et si j'ose employer cette image, tant qu'il s'agissait des notions d'espace et de temps, qui ne sont que des cadres assez vides par eux-mêmes, des vases intéressants surtout par les liquides qu'ils contiennent, nous étions un peu comme ces jeunes gens qui doivent choisir entre deux fiancées d'après la seule description qu'on leur en a faite. Ainsi nous allons voir maintenant de nos propres yeux, et à l'œuvre, les deux prétendantes à notre dilection : la science classique et la théorie d'Einstein. Nous les verrons toutes deux mettre la main à la pâte des faits, et nous pourrons comparer et goûter les mets délectables qu'elles en auront respectivement tirés pour la nourriture de notre esprit.

Les théories ne valent qu'en fonction des faits, et celles qui, comme tant de métaphysiques, ne trouvent point de critère réel pour les départager, valent toutes également. L'expérience, source unique de la vérité et dont Lucrèce disait déjà

unde omnia credita pendent

les faits sensibles, voilà ce qui va juger le système einsteinien.

Le résultat de l'expérience de Michelson, que l'on ne peut mettre en évidence aucune vitesse de la terre par rapport au milieu dans lequel se propage la lumière, ce fait, avons-nous dit déjà, revient à ceci : on ne peut par aucun moyen constater, réaliser une vitesse supérieure à celle de la lumière. Cette conséquence de l'expérience de Michelson gagnera peut-être à être déduite sous une forme tout à fait tangible. Voici une image qui nous le permettra.

Dans je ne sais plus quel roman astronomique, un observateur imaginaire est supposé s'éloigner de la terre avec une vitesse supérieure à celle de la lumière, 500 000 kilomètres par seconde, par exemple, tout en maintenant ses yeux (munis au besoin de puissantes besicles) constamment dirigés vers ce petit globe fébrile. Que va-t-il arriver ? Notre observateur verra évidemment les phénomènes terrestres à l'envers, puisque, dans son voyage, il rattrapera successivement des ondes lumineuses qui ont quitté la terre avant lui, et depuis d'autant plus longtemps qu'elles en sont plus éloignées. Notre homme, ou plutôt notre surhomme, assistera donc au bout d'un certain temps, par exemple, à la bataille de la Marne. Il verra d'abord le champ de bataille couvert de morts. Petit à petit ces morts se relèveront pour rejoindre leur poste de combat et finalement ils se rangeront par escouades dans les taxis de Gallieni, lesquels regagneront Paris à toute vitesse et en marche-arrière, arrivant au milieu de la population inquiète de l'issue du combat dont nos soldats ne pourront, et pour cause, apporter aucune nouvelle. En un mot, notre observateur, s'il s'éloigne de la terre avec une vitesse supérieure à celle de la lumière, verra les événements terrestres se dérouler en remontant le cours du temps.

Mais les choses se passeraient très différemment si, au contraire, notre observateur restant immobile, c'était la terre qui s'éloignât de lui avec une vitesse de 500 000 kilomètres à la seconde. Qu'arriverait-il alors ? Il est clair qu'en ce cas notre observateur verra les événements terrestres non plus à l'envers mais à l'endroit ; avec cette différence toutefois, qu'ils lui paraîtront se dérouler avec une majestueuse lenteur, puisque les rayons lumineux, ayant quitté la terre à la fin d'un événement quelconque, mettront beaucoup plus de temps à lui parvenir que les rayons ayant quitté la terre au commencement.

En résumé, les phénomènes observés par lui étant essentiellement différents dans les deux cas, notre observateur supposé aurait un moyen de savoir si c'est lui qui s'éloigne de la Terre ou si c'est la Terre qui s'éloigne de lui, de déceler la translation vraie de la Terre dans l'espace. Translation par rapport au milieu qui propage la lumière… ce qui ne veut pas nécessairement dire, — nous l'avons montré, — translation par rapport à l'espace absolu.

Certes, l'expérience telle que nous venons de la concevoir ne serait pas facile à réaliser avec les ressources actuelles de nos laboratoires. Nous ne pouvons pas obtenir des vitesses aussi fantastiques, et, si nous, les obtenions, l'observateur ne distinguerait pas grand chose. Mais nous avons pris un exemple énorme et les résultats en auraient été énormes, puisqu'il ne s'agissait de rien moins que de renverser l'ordre des temps. Supposons que nous employions des moyens plus modestes, les résultats seront plus modestes, mais ils devraient d'après les anciennes théories être encore appréciables pour nos instruments. Or l'expérience de Michelson, — qui serait en plus petit celle que nous venons de décrire, — montre que les différences attendues ne sont pas observées. Donc, les prémisses que nous avons posées, à savoir qu'il peut exister des vitesses supérieures à celle de la lumière dans le vide, ne correspondent pas à la réalité. Donc cette vitesse est un mur, une limite qui ne peut être dépassée.

Voyons les conséquences. Il y a à la base de la mécanique classique, telle que l'ont fondée Galilée, Huygens, Newton, telle qu'on l'enseigne partout aux lycéens, un principe fondé en dernière analyse, comme tous ceux de la mécanique, sur l'expérience, — c'est celui de la *composition des vitesses*. Si un navire fait en eau calme du 10 kilomètres à l'heure et qu'il descende un fleuve dont la vitesse est de 5 kilomètres à l'heure, la vitesse du navire par rapport au rivage immobile sera, comme on peut le mesurer et le constater, égale à la somme de ces deux vitesses, c'est-à-dire à 15 kilomètres à l'heure. C'est le principe de l'addition des vitesses. D'une manière plus générale, si un corps part du repos et sous l'action d'une force prend en une seconde une vitesse V. que va-t-il faire, si l'action de la force se prolonge pendant une deuxième seconde ? Il prendra, d'après la mécanique classique, une vitesse 2 V. Supposons, en effet, un observateur animé d'une vitesse de translation V et qui se croit au repos. Pour lui, à la fin de la première seconde le corps parait au repos (puisqu'il a la même vitesse que l'observateur). En vertu du principe de relativité classique, le mouvement apparent de ce corps doit être le même pour notre observateur que si ce repos était réel. C'est-à-dire qu'à la fin de la deuxième seconde, la vitesse relative du corps par rapport à l'observateur sera V, et comme l'observateur a déjà une vitesse V, la vitesse absolue du corps sera 2 V. On verrait de même qu'elle serait 3 V au bout de trois secondes, 4 V au bout de 4 secondes et ainsi de suite. Elle pourrait donc croître au-delà de toute limite, si la force agit pendant assez longtemps ? Oui, dit la mécanique classique. Non, dit Einstein, puisqu'aucune vitesse ne peut dépasser celle de la lumière dans le vide.

Nous avons supposé tout à l'heure un observateur qui possède la vitesse V par rapport à nous et qui se croit au repos. Pour lui, le corps observé était également au repos au début de la deuxième seconde, puisque la vitesse était la même que celle de l'observateur. De ce que le mouvement apparent du corps est pour cet observateur, pendant la deuxième seconde, ce qu'il était pour nous pendant la première, la mécanique classique concluait que sa vitesse doublait pendant cette deuxième seconde. Elle avait tort ; elle ne savait pas ce qu'Einstein nous la appris, que le temps et l'espace dont se sert cet observateur sont différents des nôtres. Qu'est-ce qu'une vitesse ? C'est l'espace parcouru pendant une seconde. Mais l'espace que mesure ainsi notre observateur en mouvement, et qu'il croit avoir une certaine longueur, est, en réalité, pour nous immobile, plus petit qu'il ne croit, parce que les mètres dont il se sert, sont — nous l'avons montré, — raccourcis par la vitesse, sans qu'il puisse s'en apercevoir.

Et alors les vitesses ne s'ajoutent plus exactement et au-delà de toute limite, comme le voulait la mécanique classique, par rapport à un observateur donné. Sous l'action d'une même force, disait l'ancienne mécanique, un corps subira toujours la même accélération, quelle que soit la vitesse déjà acquise. Sous l'action d'une même force, dit la mécanique nouvelle, le mouvement d'un corps s'accélérera d'autant moins qu'il sera plus rapide.

Voici par exemple un mobile. Dans le langage des physiciens, ce mot n'a pas du tout le même sens que pour les moralistes, puisque, pour les premiers, il signifie un corps en mouvement, et pour ceux-ci au contraire ce qui met un corps en mouvement ! Sans m'appesantir sur toutes les réflexions que suggère cette antinomie verbale, qui n'est qu'un exemple de tout ce qui sépare la morale de la physique, je tiens à préciser que je prends ce mot dans le sens des physiciens. Soit donc un mobile animé par rapport à moi d'une vitesse de 200 000 kilomètres par seconde. Sur ce premier mobile plaçons un observateur. Celui-ci projettera dans le même sens, et dans les mêmes conditions que nous avons fait, un deuxième mobile qui aura donc *par rapport à lui* une vitesse de 200 000 kilomètres. Mais la vitesse résultant de ce deuxième mobile par rapport à nous ne sera pas, comme le voudrait la mécanique classique, 200 000 + 200 000 = 400 000 kilomètres par seconde. Elle sera seulement 277 000 kilomètres par seconde. Ce que le deuxième observateur en mouvement croyait être 200 000 kilomètres (parce que ses règles étaient raccourcies par sa vitesse) ne valait donc en réalité que 77 000 de nos kilomètres. Comment peut-on calculer cela ? Mais très simplement en appliquant la formule de Lorentz que j'ai indiquée (*Revue* du 15 septembre, page 327) et qui donne la valeur de la contraction due à la vitesse. On trouve alors très simplement ceci : si on a deux vitesses v 1 et *v 2 v1* et *v2* si on appelle *w w* leur résultante, la mécanique classique affirmait que

$$w = vi + v2 \; ;$$

la mécanique d'Einstein montre que cela n'est pas exact et que l'on a en réalité (*c* c étant la vitesse de la lumière)

$$w = \frac{vi + v2}{1 + \dfrac{v1\ v2}{c^2}}$$

Je m'excuse d'introduire de nouveau (ce sera la dernière fois) une formule algébrique dans cet exposé. Mais elle m'épargne un très grand nombre de périphrases et même de phrases, et elle est d'une telle simplicité que tous les lecteurs, — et ils sont assurément nombreux, — ayant la moindre teinture de mathématiques élémentaires, en saisiront immédiatement la vaste signification et les conséquences.

Cette formule exprime d'abord que, si grande soit-elle, la résultante de deux vitesses ne peut dépasser la vitesse de la lumière. Elle exprime aussi que si l'une des vitesses composantes est celle de la lumière, la vitesse résultante a, elle aussi, la même valeur. Elle exprime enfin qu'aux faibles vitesses auxquelles nous avons affaire dans la pratique (c'est-à-dire lorsque les vitesses composantes sont beaucoup plus petites que celles de la lumière) la résultante est, à très peu près, égale à la somme des deux composantes, comme le voulait la mécanique classique. Celle-ci a été, ne l'oublions jamais, édifiée sur l'expérience ; et on comprend, dans ces conditions, que Galilée et ses successeurs, n'ayant eu affaire qu'à des mobiles relativement lents, soient arrivés à un principe apparemment vrai pour eux, mais qui n'est qu'une approximation.

Par exemple, la résultante de deux vitesses, égales chacune à 100 kilomètres par seconde (ce qui dépasse infiniment les vitesses réalisables jadis par Galilée et Newton), est égale non pas à 200 kilomètres, mais à 199 km. 999978. La différence est à peine de 22 millimètres sur 200 kilomètres ! On conçoit que les expériences anciennes n'aient pas pu constater des différences bien en deçà de celle-ci.

Parmi les vérifications de la nouvelle loi de composition des vitesses, on peut en citer une qui est remarquablement frappante et qui ressort d'une expérience déjà ancienne de notre grand Fizeau.

Supposons un tuyau plein d'un liquide, d'eau par exemple, et que parcourt dans sa longueur un rayon lumineux. On connaît la vitesse de la lumière dans l'eau (qui est bien inférieure à sa valeur dans l'air ou dans le vide). Supposons maintenant que l'eau ne soit plus immobile dans le tuyau, mais coule, circule dans celui-ci avec une certaine vitesse. Quelle sera, à la sortie du tuyau, la vitesse du rayon lumineux ayant traversé ce liquide en mouvement ? C'est ce que Fizeau s'est demandé, en variant les conditions de l'expérience. La vitesse de la lumière dans l'eau est d'environ 220 000 kilomètres par seconde, c'est-à-dire qu'il s'agit ici de vitesses telles qu'il y a une grande différence entre la loi d'addition classique et celle de la mécanique einsteinienne. Or les résultats de l'expérience de Fizeau concordent rigoureusement avec la formule d'Einstein et sont en désaccord avec celle de la mécanique ancienne. De nombreux observateurs, et récemment le physicien hollandais Zeeman, ont repris avec une extrême précision l'expérience de Fizeau, et les résultats ont été identiques.

Lorsqu'au siècle dernier Fizeau fit cette expérience, on avait certes essayé d'en interpréter les résultats numériques à la lumière des anciennes théories. Mais cela avait conduit à des hypothèses tout à fait invraisemblables. C'est ainsi que Fresnel, pour expliquer les résultats de Fizeau, avait été obligé d'admettre que l'éther est partiellement entraîné par l'eau dans son mouvement, mais que cet entraînement partiel varie avec la longueur des ondes lumineuses propagées, et n'est pas la même pour les rayons bleus ou pour les rayons rouges ! Conséquence absurde et inadmissible.

La nouvelle loi de composition des vitesses donnée par Einstein rend compte, au contraire, immédiatement, et avec une extrême exactitude, des résultats de Fizeau. Ceux-ci sont en contradiction avec la loi classique. Ainsi les faits, arbitres et critères souverains, montrent ici que la mécanique nouvelle correspond à la réalité, l'ancienne non.

El voilà qui déjà nous fait toucher du doigt la beauté, la vérité profonde (la vérité scientifique étant ce qui est vérifiable) de la doctrine einsteinienne. Voilà qui nous démontre dès maintenant en quoi, magnifiquement, une théorie scientifique, une théorie physique se distingue d'un système philosophique arbitraire et plus ou moins cohérent.

L'expérience, juge souverain, décide en faveur de la mécanique einsteinienne, contre la mécanique classique. Nous en verrons d'autres exemples. Nous n'en trouverons aucun qui prononce en sens contraire.

Mais voici bien autre chose. La nouvelle loi de composition de vitesses, et l'existence d'une vitesse limite égale à celle de la lumière, peuvent s'exprimer dans un langage différent de celui que nous avons employé jusqu'ici. Nous n'avons jusqu'ici parlé que de vitesses, de mouvements ; voyons comment les choses se présentent lorsque nous examinons en même temps les qualités particulières des objets en mouvement, des corps, de la matière.

Chacun sait que ce qui caractérise la matière, c'est ce qu'on appelle l'inertie. Si la matière est en repos, il faut une force pour la mettre en mouvement. Si elle est en mouvement, il faut une force pour l'arrêter. Il en faut une pour accélérer le mouvement. Il en faut une pour le dévier. Cette résistance que la matière oppose aux forces qui tendent à modifier son état de repos ou de mouvement, c'est ce qu'on appelle l'*inertie*. Mais les divers corps peuvent opposer à ces forces une résistance plus ou moins grande. Si une force est appliquée à un objet, elle lui imprimera une certaine accélération. Mais la même force appliquée à un objet différent lui imprimera en général une accélération moindre. Un cheval de course déployant son effort maximum délaiera plus vite, s'il porte un minuscule jockey, que s'il porte un cavalier de cent kilos. Un cheval de trait démarrera à plus grande vitesse si le chariot qu'il traîne est vide que s'il est chargé de marchandises. Vous pourrez mettre une charrette en mouvement avec le même effort qui n'ébranlerait pas un train de chemin de fer.

Lorsqu'une locomotive traînant cinq wagons démarre brusquement, la vitesse imprimée au train pendant la première seconde est (à une constante près) ce qu'on appelle son accélération. Si la locomotive démarre dans les mêmes conditions en traînant, non plus cinq, mais dix wagons identiques aux premiers (abstraction faite des frottements des roues), on remarque que l'accélération est deux fois plus petite. De là provient la notion, introduite dans la science par Newton, de la *masse* des corps, qui en mesure l'inertie. Si, dans notre exemple, la locomotive produit une accélération deux fois plus petite la seconde fois, cela s'exprime en disant que la masse des dix wagons est double de celle des cinq premiers. Supposons qu'il ne s'agisse plus de wagons identiques, mais de plateformes chargées de marchandises très différentes et très inégalement lourdes. Si on trouve que l'accélération produite par la locomotive est la même pour trois wagons chargés de blé et pour un seul wagon chargé de lingots, on dira que ceux-là ont au total la même masse que celui-ci. Autrement dit, et en un mot, les masses des corps sont des données conventionnelles définies par ce fait qu'elles sont proportionnelles aux accélérations produites par une même force. Autrement dit encore, la masse d'un corps est le quotient de la force qui agit sur lui par l'accélération qu'il lui imprime. Poincaré disait pittoresquement : *Les masses sont des coefficients qu'il est commode d'introduire dans les calculs* !

S'il est une propriété des objets qui tombe sous le sens, sous les sens, dont chaque homme ait en quelque sorte l'instinct, l'intuition, c'est bien celle de la *masse* des corps. Eh bien ! une analyse un peu aiguë nous montre notre impuissance à définir cette chose autrement que par des conventions déguisées. La définition poincariste semble paradoxale dans son aveu d'impuissance. Elle est juste pourtant. La masse n'est qu'un « coefficient, » qu'une création conventionnelle de notre infirmité !

Pourtant quelque chose nous restait où nous pensions pouvoir accrocher, sinon notre besoin de certitude, — il y a longtemps que les savants dignes de ce nom ont renoncé à la certitude ! — du moins notre besoin de netteté dans la déduction, dans le classement des phénomènes. On croyait constante la masse, on croyait constant le *coefficient* si commode et si bien défini.

Ici aussi, il faut déchanter, hélas ! — ou plutôt tant mieux, — puisque rien n'égale après tout le plaisir de la nouveauté.

L'ancienne mécanique nous enseignait que la masse est constante pour un même corps, indépendante par conséquent de la vitesse que ce corps a déjà acquise. D'où il suivait, comme nous l'expliquions plus haut, que, si une force continue à agir, la vitesse acquise au bout d'une seconde sera doublée au bout de deux secondes, triplée au bout de trois et ainsi de suite jusqu'au-delà de toute limite.

Mais nous venons de voir que la vitesse augmente moins pendant la deuxième seconde que pendant la première et ainsi de suite, toujours de moins en moins jusqu'à ce que, la vitesse de la lumière étant atteinte, celle du mobile ne puisse plus augmenter, quelle que soit la force agissante.

Qu'est-ce à dire ? Si la vitesse du corps s'accroît moins pendant la deuxième seconde, c'est qu'il oppose à la force accélératrice une résistance plus grande. Tout se passe comme si son inertie, comme si sa masse avait changé ! Cela revient à dire que la masse des corps n'est pas constante, qu'elle dépend de leur vitesse, qu'elle croit quand cette vitesse croit. Aux petites vitesses cette influence est insensible et, parce qu'ils n'avaient pu observer que des petites vitesses, les fondateurs de la mécanique classique, — science expérimentale, — ont observé que les masses étaient sensiblement constantes, et en ont cru pouvoir conclure qu'elles l'étaient absolument. Aux grandes vitesses cela n'est plus vrai. Pareillement, aux petites vitesses, dans la mécanique nouvelle comme dans l'ancienne, les corps opposent sensiblement la même résistance d'inertie aux forces qui tendent à accélérer leur mouvement et à celles qui tendent à le dévier, à courber leur trajectoire. Aux grandes vitesses cela n'est plus vrai.

La masse croit donc rapidement avec la vitesse jusqu'à devenir infinie, quand cette vitesse égale celle de la lumière. Un corps quelconque ne pourra jamais atteindre ni dépasser la vitesse de la lumière, puisque, pour dépasser cette limite, il faudrait surmonter une résistance infinie.

Voici, pour fixer les idées, quelques chiffres qui permettent de voir dans quelles proportions les masses varient avec la vitesse. Le calcul est facile, grâce à la formule, — que nous avons indiquée, — et qui donne les valeurs de la contraction de Fitzgerald-Lorentz. Une masse de 1000 grammes pèsera deux centigrammes de plus à la vitesse de 1000 kilomètres par seconde ; elle pèsera 1000 grammes à la vitesse de 100000 kilomètres par seconde ; 1 341 grammes à la vitesse de 200000 kilomètres par seconde ; 2000 grammes (elle aura doublé) à la vitesse de

259806 kilomètres par seconde ; 3 905 grammes à la vitesse de 290000 kilomètres par seconde.

Voilà ce qu'indique la théorie. Comment la vérifier ? Cela eût été impossible il y a encore cinquante ans, alors qu'on ne connaissait que nos pauvres petites vitesses de véhicules et de projectiles terrestres, qui alors ne dépassaient jamais, même pour les obus, 1 kilomètre par seconde. Les planètes elles-mêmes n'ont que des vitesses bien trop faibles pour que cette vérification fut facile, et Mercure, par exemple, qui est la plus rapide de toutes, ne fait que du 100 kilomètres à la seconde, ce qui est encore insuffisant.

Si nous n'avions disposé que de vitesses comme celles-là, il n'y aurait pas eu moyen de vérifier qui avait raison de la mécanique classique affirmant la masse constante ou de la mécanique nouvelle l'affirmant variable.

Ce sont les rayons cathodiques et les rayons Bêta du radium qui nous ont fourni des vitesses suffisantes pour une vérification. On se souvient peut-être qu'au cours d'une étude récente parue ici même, j'ai expliqué que ces rayons sont constitués par un bombardement ininterrompu de petits projectiles à très grande vitesse, d'une masse inférieure à la deux-millième partie de celle de l'atome d'hydrogène, chargés d'électricité négative et qu'on appelle des *électrons*. Je ne crois donc pas utile de revenir sur toutes les particularités de ceux-ci.

Les tubes cathodiques et le radium effectuent un bombardement continuel de petits projectiles chargés non pas de mélinite, mais d'électricité, infiniment moins gros que les obus des artilleries européennes, mais en revanche animés de vitesses initiales infiniment plus grandes et auprès desquelles celle de Bertha elle-même fait piètre figure

Comment maintenant a-t-on pu mesurer la vitesse de ces projectiles ? On sait que les corps électrisés agissent les uns sur les autres : ils s'attirent ou se repoussent. Nos petits projectiles sont chargés d'électricité ; donc si on les place dans un champ électrique, entre deux plateaux réunis aux deux bornes d'une machine électrique ou d'une bobine d'induction, ils vont être soumis à une force qui les déviera de leur route. Les rayons cathodiques seront donc déviés par un champ électrique. Cette déviation dépendra de la vitesse du projectile, et elle dépendra aussi de sa masse, c'est-à-dire de la résistance d'inertie qu'elle oppose aux causes qui tendent à la dévier.

Ce n'est pas tout : les charges électriques portées par ces projectiles sont en mouvement, et même en mouvement rapide. De l'électricité en mouvement, c'est un courant électrique ; or nous savons que les courants sont déviés par les aimants, par les champs magnétiques. Les rayons cathodiques seront donc déviés par l'aimant. Cette déviation, comme la première, dépendra de la vitesse et de la masse du projectile. Seulement, elle n'en dépendra pas de la même manière. Toutes choses égales d'ailleurs, la déviation magnétique sera plus grande que la déviation électrique si la vitesse est grande. Et, en effet, la déviation magnétique est due à l'action de l'aimant sur le courant ; elle sera d'autant plus grande que le courant sera plus intense ; et le courant sera d'autant plus intense que la vitesse sera plus grande, puisque c'est le mouvement du projectile qui produit le courant. Au contraire, la trajectoire de nos petits projectiles, sous l'influence de l'attraction électrique, sera d'autant moins déviée que le projectile sera plus rapide.

On conçoit donc qu'en soumettant un rayon cathodique à l'action d'un champ électrique, puis à celle d'un champ magnétique, on puisse, en comparant les deux déviations, mesurer à la fois la vitesse du projectile et sa masse (rapportée à la charge électrique déterminée de l'électron).

On trouve ainsi des vitesses énormes allant de plusieurs dizaines de kilomètres jusqu'à 150000 kilomètres par seconde et davantage. Quant aux rayons Bêta du radium, ils sont encore plus rapides et atteignent jusqu'à des vitesses très voisines de celle de la lumière et supérieures à 290000 kilomètres par seconde. Voilà bien les vitesses qu'il nous faut pour voir si, oui ou non, la masse augmente avec elles.

Cela posé, et pour comprendre parfaitement la marche des expériences, il nous reste à dire quelques mots de ce curieux phénomène d'inertie électrique qu'on appelle la *self-induction*. Quand on veut établir un courant électrique, on éprouve une certaine résistance initiale qui cesse dès que le courant est établi ; si ensuite on veut rompre le courant, il tend à se maintenir et on a autant de mal à l'arrêter qu'à arrêter une voiture une fois lancée. L'expérience journalière peut le montrer. Quelquefois les trolleys d'un tramway quittent un instant le fil qui amène le courant ; à ce moment, on voit jaillir des étincelles. Pourquoi ? Il passait un courant qui allait du fil au trolley ; si le trolley s'éloigne un instant du fil, laissant un intervalle d'air qui est un obstacle au passage de l'électricité, le courant ne s'arrête pas pour cela, parce qu'il est lancé pour ainsi dire, il franchit l'obstacle sous forme d'étincelle. Ce phénomène est ce qu'on appelle la self-induction. La self-induction, ou simplement la self, comme disent les ouvriers électriciens, est une véritable inertie. Le milieu ambiant oppose une résistance à la force qui tend à établir un courant électrique et à celle qui tend à faire cesser un courant préalablement établi, de même que la matière résiste à la force qui tend à la faire passer du repos au mouvement, ou au contraire du mouvement au repos. Il y a donc, à côté de l'inertie mécanique, une véritable inertie électrique.

Mais nos projectiles cathodiques, nos électrons sont chargés ; quand ils se mettent en mouvement, ils font naître un courant électrique ; quand ils s'arrêtent, le courant cesse ; à côté de l'inertie mécanique, ils doivent donc posséder également l'inertie électrique ; *ils ont pour ainsi dire deux inerties, c'est-à-dire deux masses inertes, une masse réelle et mécanique, et une masse apparente due aux phénomènes de self-induction électromagnétique.* En étudiant les deux déviations, électrique et magnétique, des rayons Bêta du radium ou des rayons cathodiques, on peut déterminer quelle est, dans la masse totale de l'électron, la part de ces deux masses. En effet, la masse électromagnétique due aux causes que nous venons d'expliquer, varie avec la vitesse, suivant certaines lois que la théorie de l'électricité nous fait connaître. En observant la relation entre la masse totale et la vitesse, on peut donc voir quelle est la part de la masse véritable et invariable, et celle de la masse apparente d'origine électro-magnétique. L'hypothèse que l'on fait, — et elle a été vérifiée de maintes manières (voyez mon étude sur l'électron), — c'est que tous les projectiles cathodiques de même que ceux du radium sont identiques, que leur masse véritable et leur charge électrique sont les mêmes, et qu'ils ne diffèrent que par leur vitesse. Si cette hypothèse était fausse, a moins de je ne sais quel hasard inadmissible, la masse totale observée et la vitesse varieraient d'une façon tout à fait irrégulière et indépendamment l'une de l'autre. Il en serait donc de même des deux déviations magnétique et électrique, qui dépendent, comme nous l'avons vu, de cette masse totale et de cette vitesse. Si l'on reçoit les projectiles sur un papier photographique, les points de chute apparaîtront après le développement comme de petites taches noires ; supposons que l'on ait disposé l'appareil de façon que la déviation magnétique se fasse dans le sens de la largeur du papier et la déviation électrique dans le sens de la longueur. Alors, si l'hypothèse dont nous avons parlé tout à l'heure n'était pas vraie, les points de chute se répartiraient au hasard sur le papier et le rempliraient tout entier. Mais ce n'est pas cela qui arrive ; ils se distribuent sur une courbe bien régulière.

L'hypothèse étant ainsi justifiée, l'étude de la courbe fournissait la relation cherchée entre la masse totale de l'électron et la vitesse. L'expérience fut réalisée et répétée par des physiciens très habiles ; le résultat est bien fait pour surprendre : la masse réelle est nulle, toute la masse de la particule était d'origine électro-magnétique. Voilà qui est de nature à modifier complètement nos idées sur l'essence de la matière. Mais ceci, comme dit Rudyard Kipling, est une autre histoire.

Pour en revenir à nos moutons, on s'est demandé alors, — et c'est là que nous voulions en venir après ces quelques détours qui auront débroussaillé le chemin, — si la relation entre la masse et la vitesse des projectiles cathodiques, était la même que celle où nous avait conduits le principe de relativité.

Or le résultat des expériences est absolument net et concordant et certaines d'entre elles ont porté sur des rayons Bêta correspondant à une valeur de la masse décuple de la masse initiale. Ce résultat est celui-ci : les masses varient avec la vitesse et exactement suivant les lois numériques de la dynamique d'Einstein. Nouvelle et précieuse confirmation expérimentale, et qui établit, elle aussi, que la mécanique classique n'était qu'une grossière approximation, valable tout au plus pour les médiocres vitesses auxquelles nous avons affaire dans le cours ridiculement borné de la vie quotidienne.

Ainsi la masse des corps, cette propriété newtonienne qu'on croyait le symbole même de la constance et l'équivalent de ce qui est, dans l'ordre des choses morales, la fidélité aux traités, n'est plus qu'une petite chose variable, ondoyante et relative selon le point de vue. En vertu de la réciprocité que nous avons déjà précisée, lorsqu'il s'est agi de la contraction due à la vitesse, la masse d'un objet augmente pareillement non seulement s'il se déplace, mais si celui qui l'observe se déplace, et sans d'ailleurs qu'un autre observateur lié à l'objet puisse jamais constater la différence.

Ainsi, une règle qui se meut à une vitesse d'environ 260 000 kilomètres par seconde aura non seulement sa longueur diminuée de moitié, mais en même temps sa masse doublée. Sa densité, qui est le rapport de sa masse à son volume, sera donc quadruplée.

Les notions physiques qu'on croyait les mieux établies, les plus constantes, les plus inébranlables deviennent, déracinées par l'ouragan de la mécanique nouvelle, des choses flottantes, molles, plastiques et que modèle la vitesse.

D'autres vérifications de la formule nouvelle et tout à fait indépendantes de celle que nous venons d'exposer ont été fournies récemment par les physiciens.

L'une des plus étonnantes est apportée par la spectroscopie. On sait, je l'ai expliqué maintes fois, que lorsqu'on fait passer un rayon de lumière solaire blanche, provenant d'une fente fine, à travers l'arête d'un prisme de verre, ce rayon s'étale à la sortie du prisme comme un magnifique éventail dont les lames successives sont constituées par les couleurs de l'arc en ciel. Dans cet éventail coloré une observation attentive fait reconnaître de fines discontinuités, des lacunes étroites où il n'y a pas de lumière ; on dirait des coupures faites par des ciseaux dans l'éventail polychrome, et qui sont les raies sombres du spectre solaire. Chacune de ces raies correspond à un élément chimique déterminé et sert à l'identifier tant au laboratoire que dans le soleil ou les étoiles. On a depuis longtemps expliqué que ces raies proviennent des électrons tournant à toute vitesse autour du centre des atomes et dont les changements rapides de vitesse produisent dans le milieu ambiant une onde (pareille à celle causée dans l'eau par la chute d'un caillou) et qui est une des ondes lumineuses caractéristiques de l'atome, et se manifestant par une des raies du spectre. Le physicien danois Bohr a récemment développé cette théorie dans tous ses détails, qui importent peu ici » et montre qu'elle rend compte avec exactitude des diverses raies spectrales correspondant aux éléments chimiques. Ceux-ci, je le rappelle, diffèrent entre eux par le nombre et la disposition des électrons gravitant dans leurs atomes. Or M. Sommerfeld a fait le raisonnement suivant : les électrons qui gravitent près du centre d'un atome doivent avoir une vitesse beaucoup plus grande que ceux qui gravitent vers l'extérieur, de même que les planètes inférieures, Mercure et Vénus, ont autour du soleil des vitesses bien plus grandes que les planètes supérieures, Jupiter, Saturne. Il s'ensuit, — si les idées de Lorentz et d'Einstein sont exactes, — que la masse des électrons internes des atomes doit être plus grande que celle des électrons externes, *sensiblement* plus grandes, car ces électrons tournent à des vitesses énormes. Le calcul montre alors que, dans ces conditions, chaque raie du spectre d'un élément chimique doit être en réalité composée d'un ensemble de plusieurs petites raies fines et juxtaposées. C'est précisément ce qui a été postérieurement (1916) constaté par Paschen qui a trouvé que la structure des raies fines est très rigoureusement celle qu'annonçait Sommerfeld. Étonnante confirmation de l'hypothèse faite : exactitude de la nouvelle mécanique !

Mais ce n'est pas tout. J'ai expliqué ici même récemment que les rayons X sont des ondes analogues à la lumière, de même origine, mais de longueur d'onde beaucoup plus courte, c'est-à-dire d'une plus grande fréquence. Donc, tandis que la lumière provient des électrons extérieurs de ce petit système solaire en miniature qu'est l'atome, les rayons X proviennent des électrons les plus rapides, c'est-à-dire les plus près du centre. Il s'ensuit que la structure particulière des raies fines, due à la variation de la masse électronique avec la vitesse, doit être bien plus marquée encore pour les raies des rayons X que pour les raies spectrales de la lumière. C'est effectivement ce que l'expérience a constaté et démontré, et les chiffres caractérisant les faits observés correspondent exactement aux calculs de la mécanique nouvelle, à la variation prévue de la masse avec la vitesse.

Il est donc établi que les phénomènes qui ont lieu dans le microcosme de chaque atome obéissent aux lois de la mécanique nouvelle, et non de l'ancienne, et qu'en particulier les masses en mouvement y varient comme le veut celle-là.

L'expérience, « source unique de la vérité, » a prononcé.

Nous voilà bien loin des idées naguère courantes. Lavoisier nous a enseigné que la matière ne peut se créer ni se détruire, qu'elle se conserve. Ce qu'il a voulu dire par-là, c'est que la masse est invariable, et il l'a vérifié avec la balance. Et voici maintenant que les corps n'ont peut-être plus de masse, — si elle est entièrement d'origine électro-magnétique, — et voici en tout cas que cette masse n'est plus invariable. Cela ne veut pas dire que la loi de Lavoisier n'ait plus de sens. Il subsiste quelque chose qui se confond avec la masse aux petites vitesses. Mais enfin notre conception de la matière est violemment bouleversée. Ce que nous appelions matière, c'était avant tout la masse qui était en elle, ce qui nous semblait de plus tangible à la fois et de plus durable. Et voilà que cette masse n'existe pas plus que le temps et l'espace où nous croyions pouvoir la situer !

Qu'on me pardonne ce que cet exposé a d'un peu ardu. Mais la nouvelle mécanique nous ouvre des horizons si étrangement nouveaux et si étendus qu'elle vaut mieux qu'un regard dédaigneux et rapide. Pour contempler un vaste paysage dans un monde inexploré, il ne faut pas hésiter, quitte à s'essouffler légèrement, à grimper parfois une côte un peu rude.

Il est enfin une autre notion fondamentale de la mécanique, la notion d'*énergie* qui, à la lumière de la théorie einsteinienne, nous apparaît sous un aspect étrangement nouveau et justifié dans une large mesure, lui aussi, par l'expérience.

Nous avons vu qu'un corps, chargé d'électricité et en mouvement, oppose une certaine résistance au déplacement, par suite de cette inertie électrique qu'on appelle la self-induction. Or, le calcul et l'expérience montrent que, si on diminue les dimensions du corps portant une certaine quantité d'électricité, sans changer celle-ci, cette inertie électrique augmente. En effet, dans les hypothèses faites et si l'inertie est d'origine exclusivement électro-magnétique, les électrons ne sont plus que des sortes de sillages électriques se mouvant dans ce milieu propagateur des ondes électriques et lumineuses qu'on a l'habitude d'appeler l'éther. Les électrons ne sont alors plus rien par eux-mêmes ; ils sont seulement, suivant l'expression de Poincaré, des sortes de « trous dans l'éther, » et autour desquels s'agite l'éther, à la manière d'un lac faisant des remous qui résistent à l'avancement d'un esquif.

Mais alors, plus les trous dans l'éther seront petits, plus l'agitation de l'éther autour d'eux sera proportionnellement importante. Plus, par conséquent, l'inertie du « trou dans l'éther » qui constitue le corpuscule étudié sera grande. Que va-t-il s'ensuivre ? On sait, par les mesures faites, que la masse du petit soleil de chaque atome, du *noyau positif*, — autour duquel tournent les planètes électrons, — on sait, dis-je, que ce *noyau positif* a une masse beaucoup plus grande que celle d'un électron. Si cette masse, si l'inertie correspondante sont ici aussi d'origine électro-magnétique, il s'ensuit donc que le noyau positif est beaucoup plus petit que l'électron. En particulier, si nous prenons l'atome de l'hydrogène, le plus léger et le plus simple des gaz, nous savons qu'il est formé par une seule planète, par un seul électron négatif tournant autour du petit soleil central, autour du noyau positif. Nous savons aussi (voir ma chronique sur l'électron) que la masse de l'électron est 2000 fois plus petite que celle de l'atome d'hydrogène. Il suit de tout cela, le calcul le montre, que le *noyau positif* doit avoir un rayon 2000 fois plus petit que celui de l'électron. Or, les expériences des physiciens anglais ont établi que les grosses particules alpha des rayons du radium peuvent traverser plusieurs centaines de milliers d'atomes, sans être déviées sensiblement par le noyau positif, et on en déduit que celui-ci est en effet bien plus petit que l'électron, conformément aux prévisions théoriques.

Tout cela conduit irrésistiblement à penser que l'inertie de toutes les parties constituantes des atomes, c'est-à-dire de toute la matière, est exclusivement d'origine électro-magnétique. Il n'y a plus de matière, il n'y a plus que de l'énergie électrique, qui, par les réactions que le milieu ambiant exerce sur elle, nous fait croire fallacieusement à l'existence de ce quelque chose de substantiel et de massif que les générations ont accoutumé d'appeler *matière*. Mais de tout cela il ressort aussi par des calculs et des raisonnements simples et élégants établis par Einstein, — et dont je ne puis ici que laisser deviner la marche, — que la masse et l'énergie sont la même chose, ou du moins sont les deux faces d'une même médaille. Donc, plus de masse matérielle, rien que de l'énergie dans l'univers sensible. Étrange aboutissement, presque spiritualiste en un sens, de la physique moderne !

D'après tout cela, la plus grande partie de la « masse » des corps serait due à une énergie interne considérable et cachée. C'est cette énergie que nous voyons se dissiper peu à peu dans les corps radioactifs, seuls réservoirs d'énergie atomique ouverts jusqu'ici sur l'extérieur.

Si tout cela est vrai, si énergie et masse sont synonymes, si la masse n'est que de l'énergie, réciproquement l'énergie libre doit posséder des propriétés massives. Effectivement, la lumière par exemple a une masse : des expériences précises ont en effet montré qu'un rayon de lumière, frappant un objet matériel, exerce sur lui une pression qui a été mesurée. La lumière a une masse, donc elle a un poids comme toutes les masses. Nous verrons d'ailleurs, à propos de la nouvelle forme donnée par Einstein au problème de la gravitation, une autre preuve directe, — et combien belle ! — que la lumière est pesante. On peut calculer que la lumière reçue du soleil sur la terre en l'espace d'une année pèse un peu plus de 58000 tonnes. C'est peu en somme, si l'on songe au poids formidable de charbon qu'il faudrait, pour entretenir sur ce globule terraqué la température, en somme assez douce, qu'y maintient le soleil,… au cas où celui-ci s'éteindrait brusquement.

La différence provient de ceci : quand nous nous chauffons avec un certain poids de charbon, nous n'utilisons qu'une faible partie de son énergie disponible, son énergie chimique : toute son énergie intra-atomique nous reste inaccessible. C'est fâcheux, sans quoi il suffirait de quelques grammes de charbon pour chauffer, l'année durant, toutes les villes et toutes les usines de France. Que de problèmes en seraient simplifiés ! Quand l'humanité sera sortie de l'ignorance et de la maladresse barbare où elle croupit, c'est-à-dire dans quelques centaines de siècles, nous verrons cela. Oui, nous verrons cela. Ce sera un beau spectacle en vérité, et dont on a le droit de se réjouir par avance. En attendant, le soleil, comme tous les astres, comme tous les corps incandescents, perd peu à peu de son poids à mesure qu'il rayonne. Mais avec une telle lenteur que nous n'avons pas à craindre de le voir, de si tôt, s'évanouir à nos yeux, pareil à ces êtres de choix qui meurent de s'être trop donnés.

Voici, pour finir, une bien suggestive application de ces notions sur l'identité de l'énergie et de la masse.

Il y a en chimie une loi élémentaire bien connue de tous les lycéens et qui s'appelle loi de Prout Elle dit que les masses atomiques de tous les éléments doivent être des multiples entiers de celle de l'hydrogène. Celui-ci étant, de tous les corps connus, celui dont l'atome est le plus léger, la loi de Prout partait de l'hypothèse que tous les atomes sont construits d'après un élément fondamental qui est l'atome d'hydrogène. Cette unité supposée de la matière semble de plus en plus démontrée par les faits. D'une part, il est prouvé que les électrons provenant d'éléments chimiques différents sont identiques. D'autre part, dans les transformations des corps radioactifs nous voyons des atomes lourds émettre successivement plusieurs atomes du gaz hélium en se simplifiant. Enfin, le grand physicien britannique Rutherford a montré en 1919 qu'en bombardant, dans certaines conditions, au moyen des rayons du radium, les atomes du gaz azote, on peut en arracher des atomes d'hydrogène. Cette expérience, d'une importance qui n'a pas été assez aperçue et qui constitue en somme le premier exemple d'une transmutation réellement accomplie par l'homme, tend, elle aussi, à prouver la validité de l'hypothèse de Prout.

Pourtant, lorsqu'on mesure exactement et qu'on compare les masses atomiques des divers éléments chimiques, on constate qu'elles ne suivent pas exactement la loi de Prout. Par exemple, la masse atomique de l'hydrogène étant 1, celle du chlore est 35,46, ce qui n'est pas un multiple entier de 1. Cependant on remarque que les éléments les plus simples, les plus légers ont des masses atomiques qui ne diffèrent que de très peu de multiples entiers de celle de l'hydrogène. Or on peut calculer que si la formation des atomes complexes à partir de l'hydrogène s'accompagne, — comme il est probable, — de variation d'énergie interne, par suite d'une certaine quantité d'énergie rayonnée dans la combinaison, il s'ensuivra nécessairement (puisque l'énergie perdue est pesante) des variations de la masse du corps résultant qui rendent très bien compte des écarts constatés à la loi de Prout.

Dans notre promenade un peu hâtive, et en zig-zag, à travers la broussaille des faits nouveaux qui étayent et vérifient la mécanique ébauchée par Lorentz, achevée par Einstein, notre démarche a été assez heurtée. C'est que, faute de la terminologie et des formules techniques dont l'appareil, ici, serait pas trop rébarbatif, on doit se contenter de quelques raids hardiment et rapidement poussés dans le secteur à reconnaître. Ils auront suffi, peut-être, pour comprendre quel bouleversement total des bases mêmes de la science, quelle explosion dans ses fondements séculaires a produite la fulgurante synthèse einsteinienne. Vraiment des lumières nouvelles rayonnent maintenant sur ceux qui, lentement, s'efforcent à la rude escalade du savoir, sur ceux qui, ayant sagement renoncé à chercher les « pourquoi, » veulent du moins scruter quelques « comment. »

Peu avant sa mort et prévoyant avec son intuition géniale l'avènement de la nouvelle mécanique, Poincaré conseillait aux professeurs de ne pas l'enseigner aux enfants avant qu'ils ne fussent pénétrés jusqu'aux moelles de la mécanique classique.

« C'est, ajoutait-il, avec la mécanique ordinaire qu'ils doivent vivre ; c'est la seule qu'ils auront jamais à appliquer ; quels que soient les progrès de l'automobile, nos voitures n'atteindront jamais les vitesses où elle n'est plus vraie. L'autre n'est qu'un luxe et l'on ne doit penser au luxe que quand il ne risque plus de nuire au nécessaire. »

Pour un peu, j'en appellerais de ce texte de Poincaré à Poincaré lui-même. Car pour lui, ce luxe, la vérité, était la seule chose nécessaire. Ce jour-là, il est vrai, il songeait aux enfants. Mais les hommes cessent-ils jamais d'être des enfants ? À cela le maître trop tôt disparu eût répondu peut-être, de sa voix grave adoucie d'un sourire : « Oui ; du moins il est plus commode de le supposer. »